初学者のための
確率論

応用への招待

野本 久夫 著

現代数学社

本書は1995年2月に小社から出版した
『やさしい確率論』
を書名変更とリメイクをし，再出版するものです。

まえがき

自然現象，社会現象などの中には，高い確度で予測可能なものも多いが，不確実性が大きいため予測困難なものも少なくない．日常生活においても，まぐれ，でたらめ，確からしさ，公算，蓋然性，射幸性などの用語に示されるように，偶然にかかわるわれわれの経験は多様である．

確率論は，このような偶然現象の解明をめざす数学的理論である．

古典確率論は17世紀半ばに賭や遊戯の問題を端として発生し，多様な偶然現象それぞれの固有の法則に対する認識を深めてきた．1930年代前半に到って，コルモゴロフ(A.N. Kolmogorov)により，偶然性の法則を厳密性を損なうことなく機能的に解明するための数学的体系としての装いを与えられ，近代確率論へと発展した．

本書の目的は，古典確率論と近代確率論の中間を時間をかけてゆっくりと歩みながら，古典寄りの道程にある基本的事項をわかりやすく説明することである．サイコロ投げの問題からはじめて，直観的な方法を交えながら，確率空間，独立性，確率変数などの道標に示される基礎概念を紹介した後，計算の道具としても理論的展開の手段としても有用な母関数，特性関数などについて説明し，大数の法則，中心極限定理の解説をして拙い案内を終えたいと思っている．

この本を読むのに必要な予備知識は大学1年生の数学の程度で足りるように配慮した．近代確率論の領域まで進むには，測度論を同伴しなければならない．このため，更に進んで学ぼうとされる読者のために，巻末に参考文献を掲げておいた．他に良書も多いが，これらは執筆にあたって参考にし多大の便宜をうけたものばかりである．

本書は，「Basic 数学」に「確率論への招待」と題し，毎回独立した読物として連載した記事に，付録として多次元分布の 1 節と若干の付帯事項を補ったものである。本来，副読本的読物であるが，学習書としても役立つように，各章末には練習問題を入れ，比較的詳しい解答をつけておいた.

終りに，刊行にあたって大変お世話になった現代数学社の富田淳氏に感謝の意を表したい.

2021 年 6 月

野本久夫

目　　次

凡　　例

1．本書は十の章と付録から成り，各章はいくつかの節と練習問題からなる．定義，定理および文中の式には，区別なしに各章ごとに通し番号をつけた．

2．定理，例などを引用する場合，例えば，定理６．24は第６章の定理(24)，例６．８は第６章の例８，練習問題１．４は練習問題１の４番，（４．28）式または（４．28）は第４章の（28）式を表す．

第1章

確率とは何か

1．偶然試行と事象

硬貨やサイコロを投げるなどの偶然試行を考えよう．硬貨を投げたときの結果は，表が出るか裏が出るかの2通りである．思考実験としては，硬貨が机上に立ち上がるということが起こらないとは言えないが，日常的な経験ではまずは起こらないから，矢張り結果は表か裏のどちらかであるとしてよい．また，賭などで関心があるのは結果が表か裏かということだけであり，例えば，ある基線に対して硬貨がどれだけ回転した向きで落ちたかなどということは問題にしない．このように偶然試行の結果として起こる事柄の中で，最も基本的であると考えるものをその試行の**根元事象**という．根元事象を ω，ω'，…などと記号で表し，これらをひっくるめた集合

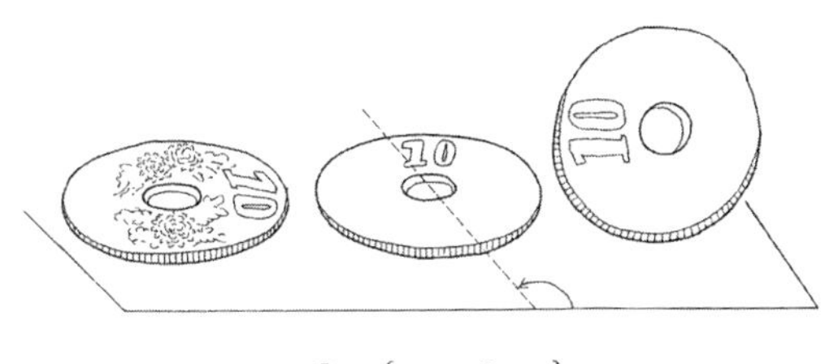

$$\Omega \equiv \{\omega, \omega', \cdots\}$$

を**標本空間**といい，Ω の部分集合を**事象**とよぶ．根元事象 ω は**標本点**ともよばれ，また1点だけからなる事象 $\{\omega\}$ の意味にも使う．

例1　1）2枚の硬貨を投げるときの根元事象は

$\omega_1=\{$表, 表$\}$，$\omega_2=\{$表, 裏$\}$，

$\omega_3=\{$裏, 表$\}$, $\omega_4=\{$裏, 裏$\}$

の 4 つである．

2）長さ a の線分 AB 上に 1 点 P をとるとき，$\overline{\mathrm{AP}}=x$ とおくと，閉区間 $[0, a]=\{x|0\leq x\leq a\}$ が標本空間である．

3）2）で更に 1 点 Q をとることにし，$\overline{\mathrm{AQ}}=y$ とおくと，xy 平面上の正方形 $\Omega=[0, a]^2$ が標本空間である．2 点 P，Q の距離が $b\ (\in \boldsymbol{R})$ 以下であるという事象

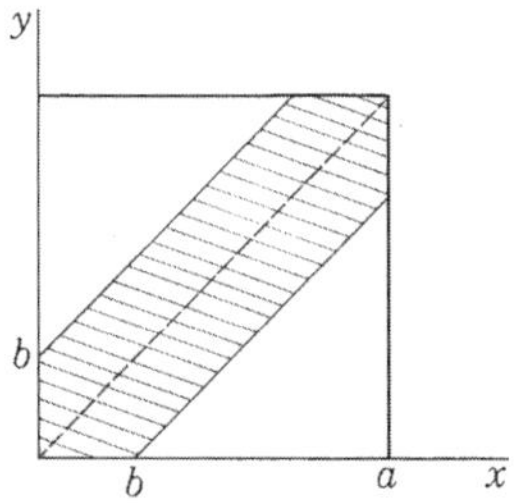

$$A=\{(x, y)\in\Omega||x-y|\leq b\}$$

は，$0<b<a$ ならば図の 6 角形であり，$b=0$ ならば破線で示した対角線である．$b\geq a$ のときは $A=\Omega$（全事象）で，$b<0$ のときは $A=\phi$（空事象）である．

$\omega\in A$ のとき，ω は A に都合が好いという．試行の結果が ω で $\omega\in A$ ならば事象 A が起こったなどという．A，B を事象とする．

A と B の**和（合併）事象**とは，A または B が起こる事象

$$A\cup B\equiv\{\omega\in\Omega|\omega\in A \text{ または } \omega\in B\}$$

である．

A と B の**積（共通）事象**とは，A および B が起こる事象

$$A\cap B\equiv\{\omega\in\Omega|\omega\in A \text{ および } \omega\in B\}$$

である．

A の**余（補）事象**とは，A が起こらない事象

$$A^c\equiv\Omega\backslash A=\{\omega\in\Omega|\omega\notin A\}$$

である．

$A\cap B=\phi$ のとき，A と B とは**互に排反**するいう．A が起これば B が起こらず，B が起これば A が起こらないからである．

積事象 $A\cap B$ を $A\cdot B$ とか単に AB とかくことがある．また，$A\cap B=\phi$ のときには，$A\cup B$ を $A+B$ ともかく．

例 2　A，B，C を事象とする．

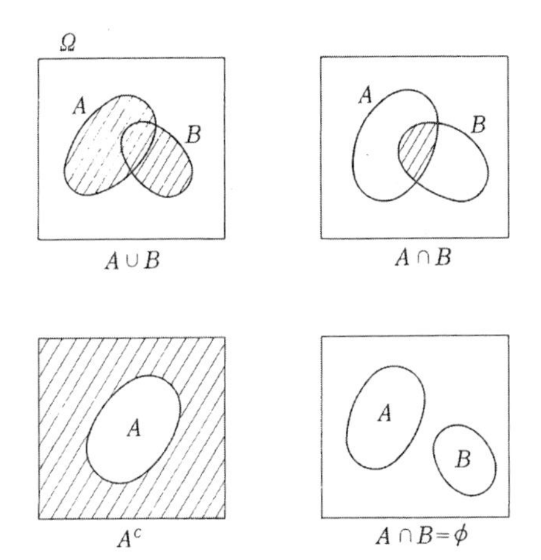

$A \cup B$　　$A \cap B$

A^c　　$A \cap B = \phi$

1） 3つの中のどれかが起こる. $\longleftrightarrow A \cup B \cup C$

2） 2つだけが起こる. $\longleftrightarrow ABC^c + AB^cC + A^cBC$

3） 2つは起こる. $\longleftrightarrow AB \cup BC \cup CA$

4） 全部は起こらない. $\longleftrightarrow$ どれかが起こらない.

$\longleftrightarrow (ABC)^c = A^c \cup B^c \cup C^c$

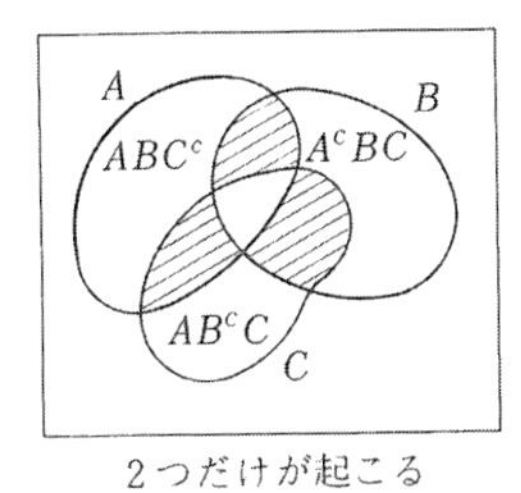

2つだけが起こる

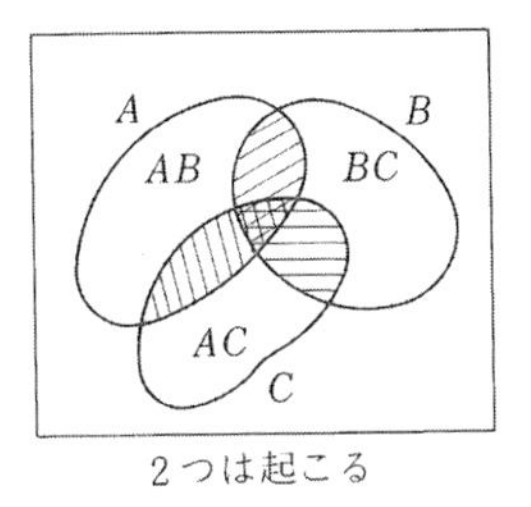

2つは起こる

例3　次の関係式が成り立つ.

(1)　$(A \cup B) \cap C = (A \cap C) \cup (B \cap C)$

(2)　$(A \cap B) \cup C = (A \cup C) \cap (B \cup C)$

(3)　$(A \cup B)^c = A^c \cap B^c$, $(A \cap B)^c = A^c \cup B^c$

(de Morgan の法則)

(4)　$(A^c)^c = A$, $A \subset B \Longleftrightarrow A^c \supset B^c$.

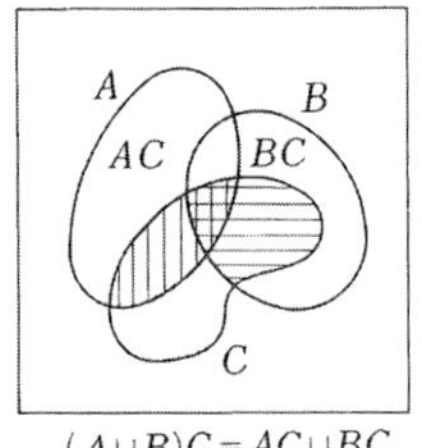

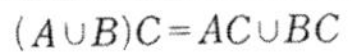
$(A \cup B)C = AC \cup BC$

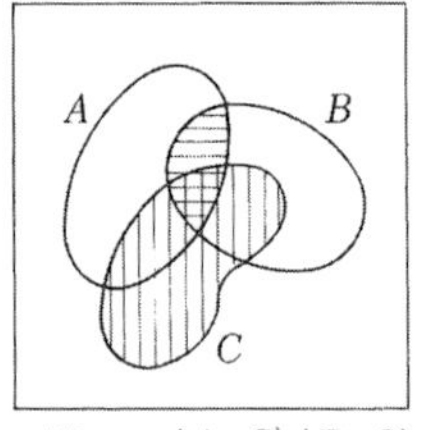

$AB \cup C = (A \cup C) \cdot (B \cup C)$

2．ラプラスの確率

Laplace（1749～1827）は，1795年にエコール・ノルマルで行った講義を発展させた *Essai philosophique sur les probabilités* の中で，確率計算の一般法則として十の法則を挙げ，その第1法則として，事象 A の確率を

(5)
$$P(A) \equiv \frac{(A\text{ に都合のよい場合の数})}{(\text{可能な場合の総数})} = \frac{|A|}{|\Omega|}$$

（$|A|$ は有限事象 A の標本点の個数を表す．）

と定義している．第2法則で，この定義は**どの場合も同じ程度に可能**なことを前提としているもので，この前提が満たされない場合は，それぞれの結果の可能性を決定するのが偶然の理論では最もデリケートな点であることを述べている．さて，$\Omega = \{\omega_1, \cdots, \omega_N\}$ とすると，結果 ω_i を得るラプラスの確率は

(6)
$$P(\omega_i) \equiv P(\{\omega_i\}) = \frac{1}{N} \quad (i = 1, 2, \cdots, \ N = |\Omega|)$$

である．また，$AB = \phi$ ならば $|A+B| = |A| + |B|$ であるから，等式

(7) $P(A+B) = P(A) + P(B)$ （加法性）

が成り立つ．特に，$B = A^C$ とすると，$|A + A^C| = |\Omega|$ だから

(8) $P(A^C) = 1 - P(A)$

を得る．

例4　3個のサイコロを投げるとき，目の和が11になる確率を求める．

和が11になる目　　　場合の数

1	4	6	$3!=6$
1	5	5	3
2	3	6	$3!=6$
2	4	5	$3!=6$
3	3	5	3
3	4	4	3
			計　27

可能な場合の総数は $6^3=216$ であるから，求める確率は $27/216=1/8$ である．

目の和が11になる場合の数を，次のように母関数を使って求めることもできる．3つのサイコロに出た目をそれぞれ a，b，c とすると，和 $a+b+c$ が単項式 x^a，x^b，x^c の積のべき指数であることに注意をすると，等式

$$(x+x^2+\cdots+x^6)^3=\sum_{k=3}^{18} c_k x^k$$

における x^{11} の係数 c_{11} が目の和が11になる場合の数であることがわかる．

$$\text{上式左辺}=\left(\frac{x-x^7}{1-x}\right)^3=x^3(1-x^6)^3(1-x)^{-3}$$

$$=x^3(1-3x^6+3x^{12}-x^{18})\sum_{n=0}^{\infty}\binom{-3}{n}(-x)^n$$

$$(|x|<1)$$

として，この右辺の x^{11} の係数を求めると

$$c_{11}=\binom{-3}{8}-3\binom{-3}{2}$$

$$=\frac{(-3)(-4)\cdots(-10)}{8!}-3\frac{(-3)(-4)}{2!}$$

$$=45-18=27$$

を得る．ついでに，c_k の値を全部求めてみると次の表のようになる．

k	3	4	5	6	7	8	9	10	11	12	13	14	15	16	17	18	計
c_k	1	3	6	10	15	21	25	27	27	25	21	15	10	6	3	1	216

したがって，目の和が 10 または 11 に賭けるのが最も有利である．

3．幾何学的確率

平面上の面積確定の集合 Ω をとる．Ω の事象 A が面積確定であるとき，その確率を

$$P(A)=\frac{(A\text{ の面積})}{(\Omega\text{ の面積})}=\frac{|A|}{|\Omega|} \tag{9}$$

（$|A|$ は A の面積を表す．）

と定義して，これを A の**幾何学的確率**とよぶ，面積の性質から，$P(A)$ はラプラスの確率と同様に加法性(7)を満たしている．この場合，$P(\cdot)$ が面積確定の事象についてのみ定義されているに過ぎないことに注意しよう．Ω が $\boldsymbol{R}^n$ の有界集合のときも

$$|\Omega|\equiv\iint_{\Omega}\cdots\int dx_1dx_2\cdots dx_n$$

とおいて，A の幾何学的確率を(9)で定義する．

例 5　長さ a の線分上に点 P をとるとき，P が長さ b の線分 CD の上におちる確率は b/a である．この確率は CD の長さだけで決まり線分の位置には関係しない．このことを，点 P を一様な確率で選ぶとかランダム (random) にとるとかという．その具体的な方法を考えてみよう．線分 AB を x 軸上の区間 $[0, a]$ と同一視してこれを n 等分する．n 個の小区間の中点を左から順に $x_1, x_2, \cdots, x_n$ とすると

$$x_k=\frac{1}{2}\left(\frac{k-1}{n}a+\frac{k}{n}a\right)=\frac{1}{n}\left(k-\frac{1}{2}\right)a,$$

$$k=1,\ 2,\ \cdots,\ n.$$

数字 $1, 2, \cdots, n$ を記した n 枚のカードから 1 枚を抜いて番号 k のカードが出たら，点 P として点 x_k をとることにすると，x_k が線分 CD の上にあるのは，$c\leq x_k\leq d$ $(c=\overline{\mathrm{AC}},\ d=\overline{\mathrm{AD}})$ のときだから，k が

$$\frac{nc}{a}+\frac{1}{2}\leq k\leq\frac{nd}{a}+\frac{1}{2}$$

のときに起こる．このような番号のカードが選ばれるラプラスの確率 p_n の極限値は

$$\lim_{n\to\infty}p_n=\lim_{n\to\infty}\frac{1}{n}\left[\frac{n(d-c)}{a}\right]=\frac{b}{a}$$

（$[x]=x$ の整数部分）

である．

例6　長さ a の線分 AB 上に1点 P をとる．

1）AB 上にもう1点 Q をとるとき，3つの小線分で三角形ができる確率

2）点 Q を線分 PB 上にとるとき，3小線分で三角形ができる確率

の各々を求める．

1）$\overline{\mathrm{AP}}=x$, $\overline{\mathrm{AQ}}=y$ とおく．点 P が点 Q より A に近いとき，3小線分が三角形の3辺になる条件は

$$\overline{\mathrm{AP}}+\overline{\mathrm{PQ}}>\overline{\mathrm{QB}}\Longleftrightarrow x+(y-x)>a-y \text{ から，} y>a/2,$$
$$\overline{\mathrm{PQ}}+\overline{\mathrm{QB}}>\overline{\mathrm{AP}}\Longleftrightarrow (y-x)+(a-y)>x \text{ から，} x<a/2,$$
$$\overline{\mathrm{QB}}+\overline{\mathrm{AP}}>\overline{\mathrm{PQ}}\Longleftrightarrow (a-y)+x>y-x \text{ から，} y<x+a/2$$

の3つである．この試行の標本空間は xy 平面上の正方形 $[0, a]^2$ であり，上の3条件を満たす標本点 (x, y) の全体は，図の斜線をつけた直角二等辺三角形の内部 E^+ である．点 Q が P より A に近い場合を考えると図のような三角形領域 E^- が得られる．ゆえに，求める確率は

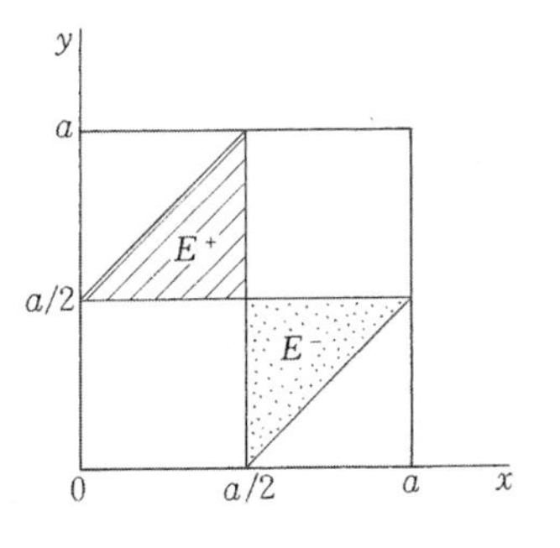

$$P(E^++E^-)=\frac{|E^++E^-|}{a^2}=\frac{1}{4}.$$

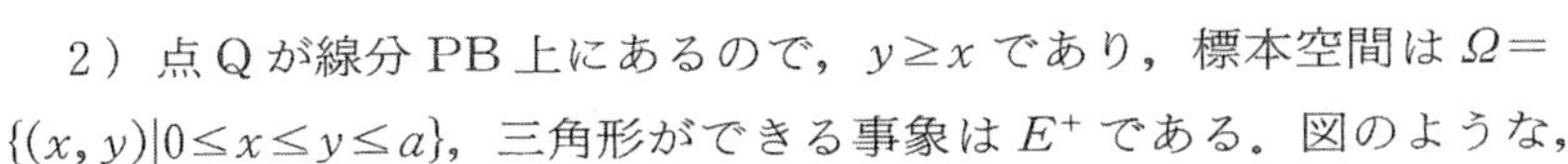

2）点 Q が線分 PB 上にあるので，$y\geq x$ であり，標本空間は $\Omega=\{(x, y)|0\leq x\leq y\leq a\}$，三角形ができる事象は E^+ である．図のような，

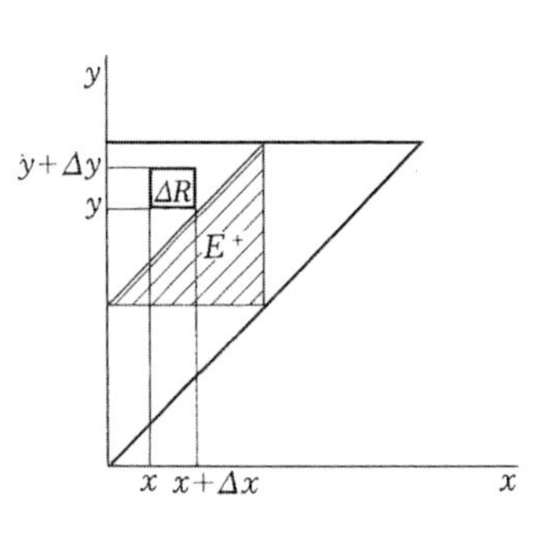

2辺の長さが Δx, Δy である Ω の小長方形 $\Delta R=[x, x+\Delta x]\times[y, y+\Delta y]$ を考えよう．1）の場合は点P，Qを独立にとったので，標本点 (x, y) が ΔR に入る確率 $\Delta x\cdot\Delta y/a^2$ は P が $[x, x+\Delta x]$ に，Qが $[y, y+\Delta y]$ に落ちる確率 $\Delta x/a$, $\Delta y/a$ のそれぞれの積になっているが，今度はQを線分PB上にとるので，Qが $[y, y+\Delta y]$ の中に入る確率は $\Delta y/(a-x)$ としなければならない．したがって，$(x, y)\in\Delta R$ である確率は近似的には，

$$\frac{\Delta x}{a}\cdot\frac{\Delta y}{a-x}$$

になる．ゆえに，事象 E^+ の確率は

$$\iint_{E^+}\frac{dxdy}{a(a-x)}\div\iint_{\Omega}\frac{dxdy}{a(a-x)}$$

$$=\int_0^{a/2}\frac{dx}{a(a-x)}\int_{a/2}^{x+a/2}dy\div\int_0^a\frac{dx}{a(a-x)}\int_x^a dy$$

$$=\log 2-\frac{1}{2}\fallingdotseq 0.1932$$

である．Ω 上の関数 f を $f(x, y)=1/a(a-x)(x<a)$, $f(a, y)=0$ で定義すると，上のことからわかるように，この例では，事象 A の確率を

$$P(A)=\iint_A f(x, y)dxdy$$

と定義したことになっている．（付録1例5を参照）

4．確率の公理

N 個の結果 $\omega_1, \cdots, \omega_N$ をもつある試行で，どの結果も同じ程度に可能であるという前提が必ずしも満たされないとき，事象 A の確率をどのように定めたらよいかを考えよう．この試行を n 回繰り返したとき，A が起きた回数を $n(A)$ で表すと，相対頻度 $n(A)/n$ の列は n と

ともに変動するが，n が大きくなるにしたがって変動の仕方が小さくなり，数多くの経験からある値 $P(A)$ に近づくことが知られている．$P(A)$ を A の確率と考えてもよいのであるが，経験的大数の法則 $\lim_{n\to\infty} n(A)/n=P(A)$ によって系列 $n(A)/n$ が安定的に近づいて行く先の目安としての $P(A)$ の選び方には任意性がある．一方，$A=\{\omega_{j_1},\cdots,\omega_{j_k}\}$，$B$ は A と排反する事象とすると，相対頻度については，等式

$$\frac{n(A+B)}{n}=\frac{n(A)}{n}+\frac{n(B)}{n},$$

$$\frac{n(A)}{n}=\frac{n_1}{n}+\cdots+\frac{n_k}{n},\quad n_i=n(\omega_{j_i})$$

が成り立つので，$P(A)$，$P(B)$，$P(\omega_{j_i})$ 等は

$$P(A+B)=P(A)+P(B),$$

$$P(A)=P(\omega_{j_1})+\cdots+P(\omega_{j_k}) \tag{10}$$

が成り立つように選ばれるべきものである．これらのことを考慮して，確率を公理的に，次のように定義する．

定義　$\Omega=\{\omega,\omega',\cdots\}$ を任意の標本空間とする．事象 A の実数値間数 $P(A)$ で，3条件

(i)　$0\leq P(A)$

(ii)　$A\cap B=\phi$ ならば

$$P(A+B)=P(A)+P(B)\ \text{（加法性）}$$

(iii)　$P(\Omega)=1$

を満たすものを Ω 上の**確率測度**または**確率分布**という．単に，確率または分布ということもある．

P が(ii)より強い条件

(iv)　$A_1,A_2,\cdots,A_n,\cdots$ が互に排反（$A_i\cap A_j=\phi,\ i\neq j$）するとき

$$P\left(\sum_{n=1}^{\infty}A_n\right)=\sum_{n=1}^{\infty}P(A_n)\quad\text{（完全加法性）}$$

が成り立てば，P は完全加法的であるという．完全加法的確率を単に確率というのが普通である．

例7　P を $\Omega=\{\omega_1,\omega_2,\cdots,\omega_n\}$ 上の確率とする．$p_i=P(\omega_i)$ とおくと，

(i)～(iii)から

$$(11)\qquad \begin{cases} 0\leq p_i\leq 1 \\ \sum_{i=1}^{n} p_i=1 \end{cases}$$

となる．この2条件を満たす列 $\{p_i\}_{i=1}^{n}$ を（有限）**離散分布**という．逆に，Ω と離散分布 $\{p_i\}$ が与えられれば，$A=\{\omega_{j_1},\cdots,\omega_{j_k}\}$ の確率を

$$(12)\qquad P(A)=\sum_{\omega_i\in A} p_i=p_{j_1}+\cdots+p_{j_k}$$

と定義すれば，Ω 上の分布 P が得られる．

例8　P を $\Omega=\{\omega_1,\cdots,\omega_n,\cdots\}$ 上の（完全加法的）確率とする．$p_i=P(\omega_i)$ とおくと，(i)，(iii)，(iv)から

$$(13)\qquad \begin{cases} 0\leq p_i\leq 1 \\ \sum_{i=1}^{\infty} p_i=1 \end{cases}$$

となる．逆に，Ω と(13)を満たす（無限）離散分布 $\{p_i\}$ が与えられれば，$A=\{\omega_{j_1},\omega_{j_2},\cdots\}$ の確率を

$$(14)\qquad P(A)=\sum_{\omega_i\in A} p_i=p_{j_1}+p_{j_2}+\cdots$$

と定義すれば，P は Ω 上の完全加法的確率になる．

その証明．条件(iv)だけを確かめればよい．$A_1,A_2,\cdots$ を互に排反する事象とし，和事象 $A=\sum_{n=1}^{\infty} A_n$ の標本点を図の矢印に従ってならべると，

$$\begin{array}{l} A_1:\ \omega_{i_1},\ \omega_{i_2},\ \omega_{i_3},\cdots \\ A_2:\ \omega_{j_1},\ \omega_{j_2},\ \omega_{j_3},\cdots \\ A_3:\ \omega_{k_1},\ \omega_{k_2},\ \omega_{k_3},\cdots \end{array}$$

$$P(A)=p_{i_1}+p_{j_1}+p_{i_2}+p_{k_1}+p_{j_2}+p_{i_3}+\cdots.$$

収束する正項級数は，項の順序を入れかえても同じ和に収束するから，

$$\begin{aligned} P(A)&=(p_{i_1}+p_{i_2}+\cdots)+(p_{j_1}+p_{j_2}+\cdots)+\cdots \\ &=P(A_1)+P(A_2)+\cdots \end{aligned}$$

である．

例9　1）$0<p<1$ として，$q=1-p$ とおく．

$$(15)\qquad b(k\,;\,n,p)\equiv\binom{n}{k}p^k q^{n-k},\quad (k=0,1,2,\cdots,n)$$

は離散分布：$\sum_{k=0}^{n}\binom{n}{k}p^k q^{n-k}=(p+q)^n=1$。

これを**二項分布**という。

2）$\lambda>0$ とする。

(16)　$$p(k\,;\,\lambda)\equiv e^{-\lambda}\frac{\lambda^k}{k!},\quad (k=0,1,2,\cdots)$$

も離散分布：$\sum_{k=0}^{\infty} e^{-\lambda}\frac{\lambda^k}{k!}=e^{-\lambda}\cdot e^{\lambda}=1$。

これを**ポアソン（Poisson）分布**という。

例10　N を自然数全体の集合とする。ツオルン（Zorn）の補題を使えば，N 上に次のような有限加法的確率 μ が存在することがわかる。

(i)　任意の $A\subset N$ に対して，$\mu(A)=0$ または1である。

(ii)　A が有限集合ならば $\mu(A)=0$。

したがって，この確率 μ は完全加法的ではない。もし，そうならば，

$$1=\mu(N)=\mu(1)+\mu(2)+\cdots=0+0+\cdots=0$$

となるからである。

練習問題　1

1．サイコロを n 回投げるとき，次の事象が起きる確率を求めよ。

(1)　少なくとも1回は6の目が出る。

(2)　少なくとも2回は6の目が出る。

2．次の確率 p_r，q_n 及び n を求めよ。

(1)　k 人でじゃんけんをするとき，1回で r 人が勝ち残る確率 p_r。

(2)　2人でじゃんけんをするとき，n 回までに1人が勝ち残る確率 q_n と $q_n>0.9$ となる n の最小値。

3．ある駅では，18時発から19時発までの間の電車は10分おきに発車している。18時から19時の間にこの駅にランダムに到着するA，Bの2人が同じ電車に乗り合せる確率を求めよ。（発車時刻と同時刻に到着した場合は

乗車できないものとする.)

4．次の等式が成り立つことを確かめよ.

(1) $\begin{pmatrix} -\frac{1}{2} \\ n \end{pmatrix} = \frac{(-1)^n}{2^{2n}} {}_{2n}C_n$

(2) $\begin{pmatrix} \frac{1}{2} \\ n \end{pmatrix} = \frac{(-1)^{n-1}}{2^{2n-1}n} {}_{2n-2}C_{n-1}$

(3) $\begin{pmatrix} -n \\ k \end{pmatrix} = (-1)^k {}_{n+k-1}C_k$

(4) $\begin{pmatrix} a \\ k-1 \end{pmatrix} + \begin{pmatrix} a \\ k \end{pmatrix} = \begin{pmatrix} a+1 \\ k \end{pmatrix}$

(5) $\sum_{k=0}^{n} {}_nC_k = 2^n$

(6) $\sum_{k=0}^{n} ({}_nC_k)^2 = {}_{2n}C_n$

5．次を証明せよ.

(1) $P(A \setminus B) = P(A) - P(AB)$

(2) $P(A \cup B) = P(A) + P(B) - P(AB)$

(3) $P(A \cup B \cup C) = P(A) + P(B) + P(C) - P(AB) - P(AC) - P(BC) + P(ABC)$

(4) $P(ABC) = P(A) + P(B) + P(C) - P(A \cup B) - P(A \cup C) - P(B \cup C) + P(A \cup B \cup C)$

(5) $P(\bigcup_{k=1}^{n} A_k) \leq \sum_{k=1}^{n} P(A_k)$

(6) $P(\bigcap_{k=1}^{n} A_k) \geq 1 - \sum_{k=1}^{n} P(A_k^c)$

第 2 章

条件つき確率・事象の独立

1．条件つき確率

事象 B のラプラスの確率もしくは幾何学的確率は“全体 Ω に対する部分 B の比”$|B|/|\Omega|$ として定義された．いま，一つの事象 A をとって，A が起きるときだけ事象 B が起きるかどうかをみることにすると，それは積事象 AB, AB^c のどちらが起きるかをみることに相当する．このとき，“全体 A に対する部分 AB の比”は

$$\frac{|AB|}{|A|}=\frac{|AB|/|\Omega|}{|A|/|\Omega|}=\frac{P(AB)}{P(A)}$$

となる．この式の左辺は事象 A, AB の標本点の個数もしくは測度(長さ，面積等) によって決まるが，右辺はそういった確率の測り方の特殊性によらず，任意の確率測度に対して意味をもつ．そこで，一般に，事象 A が起きるという条件・前提の下で事象 B が起きる確率を

(1) $$P(B|A)\equiv\frac{P(AB)}{P(A)} \qquad (P(A)>0 \text{ とする})$$

で定義して，これを条件 A の下での B の**条件つき確率**とよぶ．以下に条件つき確率の性質を挙げるが，条件になる事象の確率は正であることを仮定している．

(2) 関数 $B \longmapsto P(B|A)$ は“全事象 A”上の確率分布である．すなわち，

(i) $0\leq P(B|A)$

(ii) $B_1, B_2, \cdots, B_n, \cdots$ が互に排反するならば

$$P\left(\sum_{n=1}^{\infty} B_n | A\right) = \sum_{n=1}^{\infty} P(B_n|A)$$

(iii)　$P(A|A)=1$

を満たす．((ii)は条件 A を変化させなければ，$\{B_n\}_{n\geq 1}$ が排反していなくても A との交跡 $\{AB_n\}_{n\geq 1}$ が排反していれば成り立つ．）したがって，組 $(A, P(\cdot|A))$ は一つの確率空間をなしており，もとの確率空間 $(\Omega, P(\cdot))$ の部分空間とよばれる．性質(ii)を確かめてみよう：

$$\begin{aligned} P\left(\sum_{n=1}^{\infty} B_n | A\right) &= P\left[\left(\sum_{n=1}^{\infty} B_n\right)\cdot A\right] \Big/ P(A) \\ &= P\left[\sum_{n=1}^{\infty} (B_n A)\right] \Big/ P(A) \\ &= \sum_{n=1}^{\infty} P(B_n A)/P(A) \\ &= \sum_{n=1}^{\infty} P(B_n|A). \end{aligned}$$

さて，定義の式(1)を書き直すと

(3)　$$P(AB)=P(A)P(B|A)$$

となるが，これは一般化できて

(4)　$$\begin{aligned} &P(A_1A_2\cdots A_n) \\ &=P(A_1)P(A_2|A_1)P(A_3|A_1A_2)\times \\ &\cdots\times P(A_n|A_1A_2\cdots A_{n-1}) \end{aligned}$$　（**乗法定理**）

が成り立つ．実際

$$\begin{aligned} \text{上式右辺} &= P(A_1)\cdot\frac{P(A_1A_2)}{P(A_1)}\cdot\frac{P(A_1A_2A_3)}{P(A_1A_2)} \\ &\quad\cdots\cdots\frac{P(A_1A_2\cdots A_n)}{P(A_1A_2\cdots A_{n-1})} \\ &= P(A_1A_2\cdots A_n) \end{aligned}$$

となるからである．さらに，

$\Omega=\sum_{k=1}^{\infty} A_k$ ならば，任意の B に対して

(5)　$$P(B)=\sum_{k=1}^{\infty} P(A_k)P(B|A_k)$$　（**完全確率の公式**）

(6) $$P(A_n|B)=\frac{P(A_n)P(B|A_n)}{\sum_{k=1}^{\infty}P(A_k)P(B|A_k)}$$ **(Bayes の定理)**

が成り立つ．実際

$$\begin{aligned}P(B)&=P(\Omega\cdot B)=P\left[\left(\sum_{k=1}^{\infty}A_k\right)\cdot B\right]\\&=P\left[\sum_k(A_kB)\right]\\&=\sum_k P(A_kB)=\sum_k P(A_k)P(B|A_k)\end{aligned}$$

である．次に $P(A_n|B)=P(A_nB)/P(B)$ の分母，分子をそれぞれ(5)と(3)を使って書き直せば(6)が得られる．

(5)は，全体 Ω が部分 $A_1, A_2, \cdots$ に分割されているとき，B の確率が各部分空間 $(A_k, P(\cdot|A_k))$ での確率 $P(B|A_k)$ に重さ $P(A_k)$ をかけて加え合せれば求められることを示す．これに対して，(6)は B が起きたことを知って A_n が起こった確率を計算するのに用いられる．$A_1, A_2, \cdots$ をあり得る原因を分類したときの事象，B をこれらの原因・要因による結果を表す事象と考えて，$P(A_n)$ を原因 A_n の事前確率，$P(A_n|B)$ を事後確率ということがある．

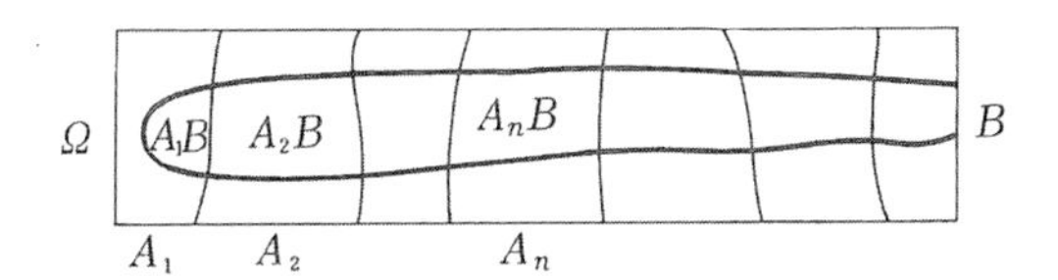

例1　N 個の箱がある．k 番目の箱には赤球が r_k 個，白球が w_k 個の合計 $n_k=r_k+w_k$ 個の球がはいっている．一つの箱をランダムに選んで1球をとり出すとき

1）赤球を得る確率

2）赤球を得たとき，それが k 番目の箱からとり出された確率

を求める．

1）：j 番目の箱を選ぶという事象を A_j，赤球を得るという事象を B とすると，$A_1, A_2, \cdots, A_N$ は赤球がとり出されるという結果 B の原因

を尽している．ゆえに，完全確率の公式によって

$$P(B)=\sum_{j=1}^{N} P(A_j)P(B|A_j)=\frac{1}{N}\sum_{j=1}^{N}\frac{r_j}{n_j}$$

となる．各箱の球の個数がすべて n に等しいときは，$P(B)=\left(\sum_j r_j\right)/nN$．これは，各箱の球を一つの箱にまとめて入れた総数 nN 個の中から 1 球をとり出して赤球を得る確率に等しい．

2)：Bayes の定理により

$$P(A_k|B)=\frac{1}{N}\frac{r_k}{n_k}\Big/\left(\sum_{j=1}^{N}\frac{1}{N}\frac{r_j}{n_j}\right)=\frac{r_k/n_k}{\sum_j r_j/n_j}.$$

n_j がすべて n に等しければ，$P(A_k|B)=r_k\Big/\left(\sum_j r_j\right)$ で事後確率は各箱の赤球の個数に比例する．

例 2　ある昆虫が 1 回の産卵で生む卵の数はポアソン分布 $p(k\,;\lambda)$ にしたがい，生まれた卵の一つ一つが孵化する確率は p であるとする．1 回の産卵で k 個の卵が孵化する確率 p_k を求めよう．

$A_n=\{n$ 個の卵を産卵する$\}$，$B=\{k$ 個が孵化する$\}$ とおくと，完全確率の公式によって

$$P(B)=\sum_{n=0}^{\infty} P(A_n)P(B|A_n)$$

となる．仮定から，$P(A_n)=e^{-\lambda}\lambda^n/n!$．$P(B|A_n)$ は n 個の卵が生まれたときにその中の k 個が孵化する確率であるから，$n<k$ ならば 0 であり，$n\geq k$ ならば一つの卵が孵化すれば成功，しなければ失敗というように考えると，n 回中 k 回成功する確率 ${}_nC_k p^k(1-p)^{n-k}$ に等しい．ゆえに

$$\begin{aligned}
p_k &\equiv P(B)\\
&=\sum_{n=k}^{\infty} e^{-\lambda}\frac{\lambda^n}{n!}\cdot\frac{n!}{k!(n-k)!}p^k(1-p)^{n-k}\\
&=e^{-\lambda}\frac{(\lambda p)^k}{k!}\sum_{m=0}^{\infty}\frac{\lambda^m}{m!}(1-p)^m \qquad (m=n-k)\\
&=e^{-\lambda}\frac{(\lambda p)^k}{k!}e^{\lambda(1-p)}=e^{-\lambda p}\frac{(\lambda p)^k}{k!}=p(k\,;\lambda p).
\end{aligned}$$

すなわち，孵化する卵の数の分布はポアソン分布である．

例３　スイッチを入れると赤色または青色で点滅する電灯がある．最初の発色が赤である確率は p_1，青である確率は $p_2=1-p_1$ とする．2回目以降は，赤色につづいて赤に発色する確率は p_{11}，青に発色する確率は $p_{12}=1-p_{11}$，また青色につづいて赤に発色する確率は p_{21}，青に発色する確率は $p_{22}=1-p_{21}$ であるとする．

１）n 回目の発色が赤である確率

２）$2n+1$ 回発色するとき，赤が１回，青が $2n$ 回である確率

３）$2n+1$ 回発色するとき，二つの色が交互に発色する確率

を求める（入試センター試験問題より）．

原題では，$p_1=p_2=1/2$，$p_{11}=1/3$，$p_{21}=3/5$ で n の値は問の順で 2, 1, 2 である．

２）：$A_k\equiv\{k$ 回目が赤$\}$，$B_k\equiv A_k^C\equiv\{k$ 回目が青$\}$，

$C_k\equiv\{k$ 回目だけが赤$\}$

とおこう．乗法定理によって

$$P(C_1)=P(A_1B_2B_3\cdots B_{2n+1})$$
$$=P(A_1)P(B_2|A_1)P(B_3|A_1B_2)$$
$$\cdots\cdots P(B_{2n+1}|A_1B_2B_3\cdots B_{2n})$$

となる．題意から $P(A_1)=p_1$, $P(B_2|A_1)=p_{12}$ である．また，$P(B_3|A_1B_2)$ は赤，青と発色したとき３回目に青に発色する確率で，これは直前の色だけに関係するということであるから

$$P(B_3|A_1B_2)=P(B_3|B_2)=p_{22}$$

である．同様に考えると

$$P(C_1)=P(A_1)P(B_2|A_1)P(B_3|B_2)$$
$$\cdots\cdots P(B_{2n+1}|B_{2n})$$
$$=p_1p_{12}p_{22}^{2n-1}$$

となる．$P(C_k)$ についても同様で

$P(C_k)=P(1$ から $k-1$ 回目まで青，k 回目が赤，$k+1$ から $2n+1$ 回も青）

$$=p_2p_{22}^{k-2}(p_{21}p_{12})p_{22}^{2n-k}$$

$$=p_2p_{12}p_{21}p_{22}^{2n-2} \qquad (2\leq k\leq 2n).$$

$P(C_{2n+1})=P($1から $2n$ 回目まで青，$2n+1$ 回目が赤$)$

$$=p_2p_{22}^{2n-1}p_{21}.$$

ゆえに

$$P(\text{1回だけ赤})=\sum_{k=1}^{2n+1}P(C_k)$$

$$=P(C_1)+P(C_{2n+1})+\sum_{k=2}^{2n}P(C_k)$$

$$=(p_1p_{12}+p_2p_{21})p_{22}^{2n-1}+(2n-1)p_2p_{12}p_{21}p_{22}^{2n-2}.$$

3)：2)と同様にすると

$$P(\text{2色交互に発色する})$$

$$=P(A_1)P(B_2|A_1)P(A_3|B_2)\cdot\cdots\cdot P(B_{2n}|A_{2n-1})P(A_{2n+1}|B_{2n})$$

$$+P(B_1)P(A_2|B_1)P(B_3|A_2)\cdot\cdots\cdot P(A_{2n}|B_{2n-1})P(B_{2n+1}|A_{2n})$$

$$=p_1(p_{12}p_{21})^n+p_2(p_{21}p_{12})^n=(p_{12}p_{21})^n.$$

1)：$p_1^{(n)}\equiv P(A_n)$，$p_1^{(1)}=p_1$

$p_2^{(n)}\equiv P(B_n)$，$p_2^{(1)}=p_2$

とおくと

$$p_1^{(n)}=P(A_{n-1})P(A_n|A_{n-1})+P(B_{n-1})P(A_n|B_{n-1})$$

$$=p_1^{(n-1)}p_{11}+p_2^{(n-1)}p_{21}.$$

同様に

$$p_2^{(n)}=p_1^{(n-1)}p_{12}+p_2^{(n-1)}p_{22}$$

なる漸化式が得られる．これらはまとめて

$$[p_1^{(n)},p_2^{(n)}]=[p_1^{(n-1)},p_2^{(n-1)}]\begin{bmatrix}p_{11}&p_{12}\\p_{21}&p_{22}\end{bmatrix}$$

とかけるので，右辺の行列を P とおくと

$$[p_1^{(n)},p_2^{(n)}]=[p_1^{(n-2)},p_2^{(n-2)}]P^2=\cdots$$

$$=[p_1^{(1)},p_2^{(1)}]P^{n-1}$$

$$=[p_1,p_2]P^{n-1},\quad P^0\equiv E\ (\text{単位行列})$$

なる関係式が得られる．$p_1^{(n)}$ が求めるものであるが，それには P のべきを計算すればよい．原題の場合の

$$P=\begin{bmatrix}1/3 & 2/3\\ 3/5 & 2/5\end{bmatrix}$$

についてこれを実行してみよう．行列 P の固有値 1，$-4/15$ に対応する固有ベクトルとして，${}^t[1,1]$，${}^t[10,\ -9]$ をとると

$$P=\begin{bmatrix}1 & 10\\ 1 & -9\end{bmatrix}\begin{bmatrix}1 & 0\\ 0 & -4/15\end{bmatrix}\begin{bmatrix}1 & 10\\ 1 & -9\end{bmatrix}^{-1}$$

とかけるので

$$[p_1^{(n)},\ p_2^{(n)}]=[p_1,\ p_2]\begin{bmatrix}1 & 10\\ 1 & -9\end{bmatrix}\begin{bmatrix}1 & 0\\ 0 & (-4/15)^{n-1}\end{bmatrix}\begin{bmatrix}1 & 10\\ 1 & -9\end{bmatrix}^{-1}$$

$$=\frac{1}{19}\left[9+(10p_1-9p_2)\left(\frac{-4}{15}\right)^{n-1},\ 10-(10p_1-9p_2)\left(\frac{-4}{15}\right)^{n-1}\right]$$

となる．$p_1=p_2=1/2$ の場合は，n 回目が赤である確率は

$$p_1^{(n)}=\frac{1}{38}\left(18+\left(\frac{-4}{15}\right)^{n-1}\right)$$

であり，特に $p_1^{(2)}=7/15$ である．$p_1^{(2)}$ だけを求めるのであれば，勿論，直接に計算する方がよい．

2．事象の独立

$P(B|A)=P(B)$ であるとき，事象 B が起きる確率は事象 A には影響されないと考えることができる．このことを B は A に（統計的に）独立であるという．乗法定理にこの関係式を持ち込むと

(7)　$$P(AB)=P(A)P(B)$$

となるが，一方，$P(AB)=P(B)P(A|B)$ ともかけるので上式から $P(A|B)=P(A)$ となり，A が B に独立であることがわかる．すなわち，B が A に独立ならば，A は B に独立である．したがって，互に独立であるということができる．逆に(7)が成り立てば，$P(A|B)=P(A)$ でもあり $P(B|A)=P(B)$ でもある．条件つき確率は前提とする事象の起きる確率が正であるとして考えているが，関係式(7)は $P(A)$，$P(B)$ のどちらかが 0 であっても意味がある．そこで，(7)が成り立つとき，事象 A，B は **（互に）独立**であると定義する．

例 4　1）全事象 Ω（空事象 ϕ）と任意の事象とは独立である．

2）事象 A が自分自身と独立になるのは，$P(A)=0$ または 1 のときだけである．

3）A と B とが独立ならば，A と B^c，A^c と B，A^c と B^c のどの組も独立である．

実際，$P(AB)=P(A)P(B)$ ならば

$$P(AB^c)=P(A\backslash AB)=P(A)-P(AB)$$
$$=P(A)(1-P(B))=P(A)P(B^c)$$

である．A と B を入れかえると $P(A^cB)=P(A^c)P(B)$ となる．これは，A と B が独立ならばその中の一つを余事象におきかえた組が独立になることを意味する．したがって，A と B^c の独立から A^c と B^c との独立がでる．

二つの事象の独立の定義(7)にならって，三つの事象の独立を

$$P(ABC)=P(A)P(B)P(C) \tag{8}$$

が成り立つこととして定義することを考えよう．全体で独立ならば部分でも独立であるとしたいのであるが，関係式(8)から，例えば，A と B が独立であるという式(7)は一般にはでてこない．例を挙げよう．

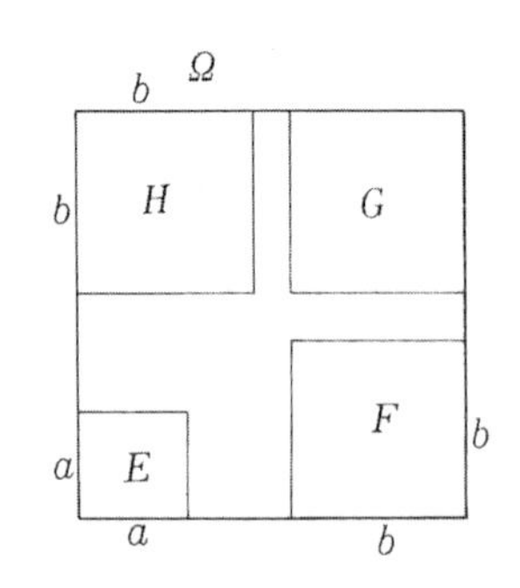

例 5　Ω を一辺の長さが 1 の正方形とする．a，$b<1/2$ なる正数 a，b をとって，Ω 内に図のように一辺の長さ a の正方形 E と，一辺の長さ b の正方形 F，G，H とを配置して

$$A\equiv E+F,\quad B\equiv E+G,\quad C\equiv E+H$$

とおく．

$$AB=BC=CA=ABC=E$$

に注意しよう．さて，$P(\cdot)$ を幾何学的確率として，関係式(7)，(8)が成り立つかどうかをしらべてみよう．

1）$a=1/10$，$b=\sqrt{a-a^2}=3/10$ の場合．

$$P(A)=P(B)=P(C)=a^2+b^2=1/10,$$
$$P(AB)=\cdots=P(ABC)=a^2=1/100.$$

したがって，$P(AB)=P(A)P(B)$ 等が成り立ち，A，B，C のどの二つも独立である．しかし，$P(ABC)\neq P(A)P(B)P(C)$ である．

2）$a=1/8$，$b=\sqrt{a^{2/3}-a^2}=\sqrt{15}/8\,(<1/2)$ の場合．

$$P(A)=P(B)=P(C)=1/4,$$
$$P(AB)=\cdots=P(ABC)=1/64.$$

だから，$P(ABC)=P(A)P(B)P(C)$ であるが，A，B，C のどの二つも独立でない．

以上のことを考慮して，次の定義を与える．

定義　有限または無限個の事象の集まり $\{A_i|i\in I\}$（I は番号をつけるための添字集合）は，任意の p と任意に選んだ p 個の事象 $A_{i_1}, A_{i_2}, \cdots, A_{i_p}$ に対して

$$P(A_{i_1}A_{i_2}\cdots A_{i_p})=P(A_{i_1})P(A_{i_2})\cdots P(A_{i_p}) \tag{9}$$

が成り立つとき独立であるという．

例4から $\{A, B\}$ が独立ならば $\{E_1, E_2\}$ も独立である．ただし，$E_1=A$ 又は A^c，$E_2=B$ 又は B^c．この事実は一般の場合にも成り立つ：

(10)　$\{A_i|i\in I\}$ が独立ならば $\{E_i|i\in I\}$ も独立である．ただし，$E_i=A_i$ 又は A_i^c．

証明　はじめに(9)でどれか一つの事象をその余事象でおきかえても等号が保たれることを示そう．記号を簡単にするため $A_{i_k}=B_k$ とおき，同じことであるから B_p を B_p^c におきかえたとしよう．このとき，

$$\begin{aligned}
&P(B_1B_2\cdots B_{p-1}B_p^c)\\
&\quad=P(B_1B_2\cdots B_{p-1}\backslash B_1B_2\cdots B_p)\\
&\quad=P(B_1B_2\cdots B_{p-1})-P(B_1B_2\cdots B_p)\\
&\quad=\prod_{i=1}^{p-1}P(B_i)-\prod_{i=1}^{p}P(B_i)\\
&\quad=\prod_{i=1}^{p-1}P(B_i)\cdot(1-P(B_p))
\end{aligned}$$

$$=P(B_1)P(B_2)\cdot\cdots\cdot P(B_{p-1})P(B_p^c)$$

となる．この方法で，$B_1, B_2, \cdots, B_p$ の中のいくつかを順次その余事象でおきかえて行ってもその都度等号が保たれることがわかる．この結果を言い直せば $\{E_i|i\in I\}$ が独立ということに他ならない．

練習問題　2

1．2つの事象 A, B が独立であるための必要十分条件は，$P(A|B)=P(A|B^c)$ であることを示せ．ただし，$0<P(B)<1$ とする．

2．サイコロを3回投げるとき，i 回めと j 回めの目が同じである事象を A_{ij} $(1\leq i<j\leq 3)$ で表すと，A_{ij} のどの2つも独立であるが，A_{12}，A_{13}，A_{23} の3つは独立でないことを示せ．

3．A，B，C の3人がある順番でサイコロを投げて，先に6の目を出したものを勝者にすることにした．

(1)　A，B，C がこの順番で投げるとき，それぞれが勝つ確率を求めよ．

(2)　はじめにじゃんけんで順番を決めるとき，それぞれが勝つ確率はどうなるか．

4．r 本の当りくじと b 本の外れくじの合計 $N=r+b$ 本のくじがある．

(1)　n 人の人が1本ずつ引くとき，k 本の当りがでる確率を求めよ．

(2)　n 番目に引く人が当る確率を求めよ．

5．事象の無限列 A_1，…，A_n，…に対して，その上極限，下極限をそれぞれ

$$\limsup_n A_n=\bigcap_{n=1}^{\infty}\left(\bigcup_{k=n}^{\infty}A_k\right),\quad \liminf_n A_n=\bigcup_{n=1}^{\infty}\left(\bigcap_{k=n}^{\infty}A_k\right)$$

と定義する．

(1)　次を確かめよ．

$\limsup_n A_n=$“A_1，…，A_n，…の中の無限個が起こる”．

$\liminf_n A_n$＝“A_1, …, A_n, …の中の有限個を除いた残りの全部が起こる”.

$(\limsup_n A_n)^c = \liminf_n A_n^c$,　$(\liminf_n A_n)^c = \limsup_n A_n^c$.

(2)　表のでる確率が p $(0<p<1)$ である硬貨を無限回投げるものとする．2つの事象

A＝“表が無限回でる”，B＝“裏が無限回でる”

を考えると，$P(A)=P(B)=1$，従って A，B が独立であることを示せ．

（ヒント．A_k＝“k回目が表”，$B_n=\bigcup_{k=n}^{\infty} A_k$ とおくと $B_n \downarrow \limsup A_n = A$ に注意し，必要ならば（4．2），（4．3）を用いよ．）

第3章

確 率 変 数

1．確 率 変 数

2個のサイコロを投げるとき出る目の数の和を X とすると，変量 X は2から12までの整数の値をとる．数学の試験の結果を点数に応じて，a，b，c，d の4つの階級に分類しておき，受験者の中からランダムに1人を選んだとき，その人の得点に付される階級マークを Y で表すと，変量 Y は a〜d の4つの値をとる．これらの変量 X，Y を観測するときそれらがどのような値をとるかは，偶然的要因があるため予め知ることができない．しかし，特定の値をとる確率を計算することは可能である．例えば，X の値が5になるのは，出る目の対が $(1,4)$，$(4,1)$，$(2,3)$，$(3,2)$ の4通りの場合であるから $\mathrm{Prob}\{X=5\}=4/36$ である．他の可能な値についてもその確率を求めると次の表のようになる．

X の値	2	3	4	5	6	7	8	9	10	11	12
確　率	$\frac{1}{36}$	$\frac{2}{36}$	$\frac{3}{36}$	$\frac{4}{36}$	$\frac{5}{36}$	$\frac{6}{36}$	$\frac{5}{36}$	$\frac{4}{36}$	$\frac{3}{36}$	$\frac{2}{36}$	$\frac{1}{36}$

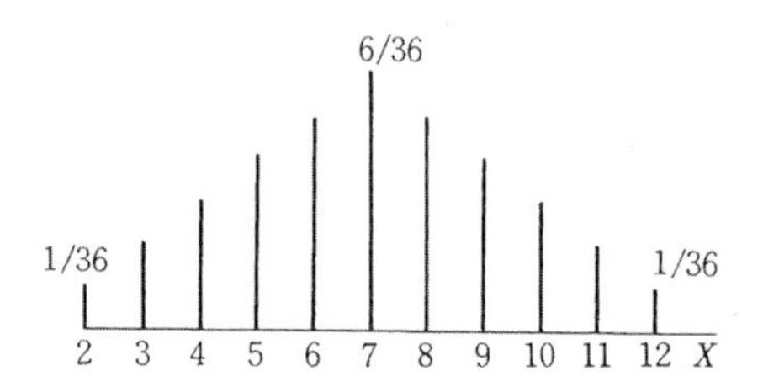

次に Y について考えよう．受験者の数を n，点数の集合を $\mathscr{Y}=\{y_1, \cdots y_n\}$ とし，$E=\{a, b, c, d\}$ とおこう．点数 y_i には a〜d の４つのマークのどれかが付されるので，Y は y_i にそのマークを対応させる写像になっている．Y による a の逆像を A とおく：$A\equiv\{y_i\in\mathscr{Y}\,|\,Y(y_i)=a\}$．ランダム抽出であるからある y_i が選ばれる確率は $1/n$ であり，したがって $Y(y_i)=a$ となる確率は $\mathrm{Prob}\{Y=a\}=|A|/n$（$|A|=A$ の元の個数）である．以上のことを次のようにまとめておこう：

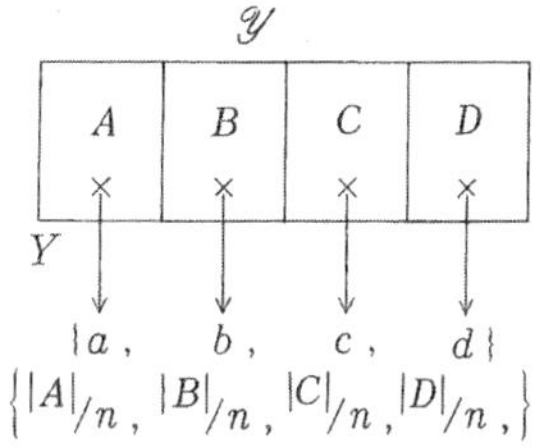

X は２個のサイコロを投げる試行の標本空間 $\Omega=\{\omega=(i,j)|1\leq i,j\leq 6\}$ 上で定義された実数値関数 $X(\omega)=i+j$ で，値域 $\{2,3,\cdots,12\}$ の上に表のような確率分布をみちびく．

$\mathscr{Y}$

A	B	C	D
×	×	×	×

Y ↓

$\{a,\quad b,\quad c,\quad d\}$

$\left\{|A|/n,\ |B|/n,\ |C|/n,\ |D|/n,\right\}$

Y は $\mathscr{Y}\to E$ なる写像で，ランダム抽出に基づく確率分布 $\{|A|/n,\cdots,|D|/n\}$ を E 上にみちびく．

一般に，ある偶然変量 Z を観測するとき，例に挙げた X，Y のように，Z がどのような標本空間で定義されているのか，されているとするべきか，或いはどのような確率法則にしたがって変動するのか等のことをはっきりさせるのが困難な場合がある．しかし，このときでも Z の値を多数回観測することによってその確率法則を実験的・経験的に知ることができる．例えば，X が２個のサイコロの目の数の和であることを知っている甲は，データーなしで表のような X の**理論分布**を容易に計算できる．甲から X の単なる観測値だけを知らされる乙は，データーが多数あれば，X のとる値が２〜12に限定されていることと，その各々の値をとるデーターの割合を計算して表の理論分布に近い**経験分布**をつくることができるであろう．

さて，偶然的変量としての確率変数を次のように定義する．

確率空間 (Ω, P) が与えられているとき，Ω 上で定義された実数値関数 $X:\Omega\ni\omega\to X(\omega)\in\mathbb{R}$（実数全体の集合）を (Ω, P) または単に Ω 上の**確率変数**とよぶ．

変量 Y のように，とる値が実数とは限らないで，ある集合 E の中に値をもつとき，すなわち，写像 $Y: \Omega \ni \omega \to Y(\omega) \in E$ は E 値確率変数とよばれる。

X を確率変数とし，E を実数の部分集合とする。$X(\omega)$ が E に属する ω の集合

$$\{\omega \in \Omega | X(\omega) \in E\}$$

を $\{X(\omega) \in E\}$ または $\{X \in E\}$ で表す。この事象は写像 $X: \Omega \to \boldsymbol{R}$ による E の逆像で，$X^{-1}(E)$ ともかかれる。Y を他の確率変数とし $F \subset \boldsymbol{R}$ とする。$X(\omega)$ が E に属し同時に $Y(\omega)$ が F に属する ω の集合

$$\{\omega \in \Omega | X(\omega) \in E \text{ かつ } Y(\omega) \in F\}$$

を $\{X(\omega) \in E,\ Y(\omega) F\}$ または $\{X \in E,\ Y \in F\}$ で表す。“かつ”を“,”で代用するのである。この事象は

$$\{X \in E\} \cap \{Y \in F\},\quad X^{-1}(E) \cap Y^{-1}(F)$$

ともかける。

例 1　特性関数（事象の）　事象 A 上で 1，A の外で 0 である関数

$$I_A(\omega) = \begin{cases} 1, & \omega \in A \\ 0, & \omega \notin A \end{cases}$$

を A の特性関数または指示関数という。Ω 上で 1 か 0 の 2 つの値しか持たない関数 $X(\omega)$ は事象 $\{X=1\}$ の特性関数である。定数関数 cI_Ω は普通単に c とかく。

特性関数に対して，次の関係式が成り立つ。

$$(1)\qquad \begin{cases} I_A + I_{A^c} = 1, & I_{AB} = I_A I_B \\ I_{A \cup B} = I_A + I_B - I_{AB} \\ I_{A+B} = I_A + I_B \end{cases}$$

$$(AB \equiv A \cap B,\ A+B \equiv A \cup B,\ \text{ただし } AB = \phi)$$

(1)を使って

$$(2)\qquad I_{A \cup B \cup C} = I_A + I_B + I_C - I_{AB} - I_{AC} - I_{BC} + I_{ABC}$$

を導びいてみよう：

$$\text{上式左辺} = I_{A \cup B} + I_C - I_{(A \cup B)C}$$
$$= I_{A \cup B} + I_C - I_{AC \cup BC}$$

$$=(I_A+I_B-I_{AB})+I_C$$
$$-(I_{AC}+I_{BC}-I_{AC\cdot BC})$$
$$=(2)\text{式右辺.}$$

例2　(離散確率変数)　X の取りうる値が $a_1, a_2, \cdots$ のとき，$A_i \equiv \{X=a_i\}$ とおくと

(3)　$$X=\sum_{i\geq 1} a_i I_{A_i}$$

とかける．このとき，事象の集り $\{A_i\}_{i\geq 1}$ は Ω の分割で

$$\Omega=\bigcup_{i\geq 1} A_i,\quad A_iA_j=\phi,\quad i\neq j$$

を満している．

Y の取りうる値が $b_1, b_2, \cdots$ ならば

$$Y=\sum_{j\geq 1} b_j I_{B_j},\quad B_j\equiv\{Y=b_j\}$$

とかけるので，その積は

(4)　$$XY=\sum_{i\geq 1}\sum_{j\geq 1} a_i b_j I_{A_iB_j}$$

とかける．このとき，$\{A_iB_j | A_iB_j \neq \phi, i, j\geq 1\}$ は Ω の分割で，A_iB_j 上では $X+Y=a_i+b_j$ ($A_iB_j=\phi$ のときは0) であるから，和は

(5)　$$X+Y=\sum_{i\geq 1}\sum_{j\geq 1}(a_i+b_j)I_{A_iB_j}$$

とかける．

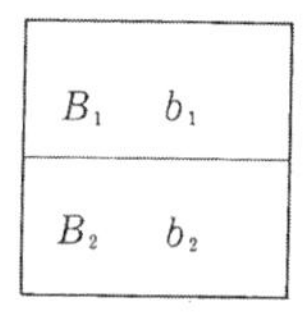

$X=\sum_{1\leq i\leq 3} a_i I_{A_i}$　　$Y=\sum_{1\leq j\leq 2} b_j I_{B_j}$

A_1B_1	a_1+b_1
A_2B_1	a_2+b_1
A_2B_2	a_2+b_2
A_3B_2	a_3+b_2

$X+Y=\sum_{1\leq i\leq 3}\sum_{1\leq j\leq 2}(a_i+b_j)I_{A_iB_j}$
$(A_1B_2=A_3B_1=\phi)$

2．確率変数の独立

X，Y を確率変数とする．任意の区間 I，J に対して

(6)　$$P(X\in I, Y\in J)=P(X\in I)P(Y\in J)$$

が成り立つとき，X と Y は**独立**であるという．ここで，区間 I，J は $(a, b]$，(a, b) 等の有界区間，$(-\infty, a]$，(a, ∞) 等の無限区間の他，1点集合 $\{a\}$ に退化していてもよいものとする．

X, Y の取りうる値が離散的で，それぞれ $a_1, a_2 \cdots$；$b_1, b_2, \cdots$であるとき，任意の i, j に対して

$$P(X=a_i, Y=b_j)=P(X=a_i)P(Y=b_j) \tag{7}$$

が成り立てば，X と Y は独立である．実際，区間 I, J に対して

$$\begin{aligned} P(X\in I, Y\in J) &= P\left[\sum_{a_i\in I}\sum_{b_j\in J}\{X=a_i, Y\in b_j\}\right] \\ &= \sum_{a_i\in I}\sum_{b_j\in J} P(X=a_i, Y=b_j) \\ &= \sum_{a_i\in I}\sum_{b_j\in J} P(X=a_i)P(Y=b_j) \\ &= \left[\sum_{a_i\in I} P(X=a_i)\right]\cdot\left[\sum_{b_j\in J} P(Y=b_j)\right] \\ &= P(X\in I)P(Y\in J) \end{aligned}$$

が成り立つから．X, Y が独立ならば，(6)で $I=\{a_i\}$, $J=\{b_j\}$ とおくと(7)がでる．

一般に，$X_1, X_2, \cdots, X_n$ は任意の区間 $I_1, I_2, \cdots, I_n$ に対して，条件

$$P(X_1\in I_1, X_2\in I_2, \cdots, X_n\in I_n)=\prod_{i=1}^{n} P(X\in I_i) \tag{6'}$$

を満たすとき独立であるという．確率変数の無限集合 $\{X, Y, Z, \cdots\}$ はこの中から任意に選んだ有限個が独立であるときに独立（系）であるという．

例 3　事象 $A_1, \cdots, A_n$ が独立ならば特性関数 $I_{A_1}, \cdots, I_{A_n}$ が独立であり，逆も正しい．

簡単のため，$X_i=I_{A_i}$ とおこう．

B_i を $A_i=\{X_i=1\}$ か $A_i^c=\{X_i=0\}$ のどちらかとすると $\{A_i\}$ が独立ならば $\{B_i\}$ が独立であったから，

$P(X_1=\varepsilon_1, \cdots, X_n=\varepsilon_n)=\prod_{i=1}^{n} P(X_i=\varepsilon_i)$，ただし，$\varepsilon_i=1$ または 0

が成り立つ．したがって，(7)のときと同様にすると $\{I_{A_i}\}$ の独立性がわかる．

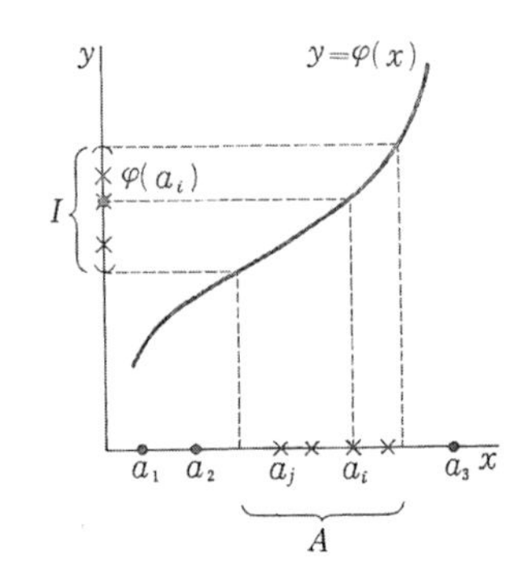

例 4　X, Y の取りうる値をそれぞれ

$a_1, a_2, \cdots; b_1, b_2, \cdots$ とし，φ，ψ を $\boldsymbol{R}$ 上の関数とする。X と Y が独立ならば $\varphi(X(\omega))$，$\psi(Y(\omega))$ も独立である。

I，J を区間として

$$A \equiv \{a_i | \varphi(a_i) \in I\},\quad B \equiv \{b_j | \psi(b_j) \in J\}$$

とおく。$\varphi(X(\omega)) \in I \Longleftrightarrow X(\omega) \in A$。したがって

$$\{\varphi(X) \in I\} = \{X \in A\}$$

である。Y についても同様であるから，

$$\begin{aligned} & P[\varphi(X) \in I, \psi(Y) \in J] = P(X \in A, Y \in B) \\ & = \sum_{a_i \in A} \sum_{b_j \in B} P(X = a_i, Y = b_j) \\ & = \sum_A \sum_B P(X = a_i) P(Y = b_j) \\ & = \sum_A P(X = a_i) \times \sum_B P(Y = b_j) \\ & = P(X \in A) P(Y \in B) \\ & = P(\varphi(X) \in I) P(\psi(Y) \in J). \end{aligned}$$

ゆえに，$\varphi(X)$ と $\varphi(Y)$ は独立である。

例 5　P を長方形 $\Omega \equiv \{\omega = (x, y) | 0 \leq x \leq a, 0 \leq y \leq b\}$ 上の幾何学的確率分布とすると，

$$X(\omega) = x,\quad Y(\omega) = y,\quad \omega = (x, y)$$

は独立である．実際，

$$\begin{aligned} & P(X \in I, Y \in J) = P[(X, Y) \in I \times J] = \frac{|I \times J|}{ab} \\ & \qquad = \frac{|I| \cdot |J|}{ab} = \frac{|I| b}{ab} \cdot \frac{a|J|}{ab} \\ & \qquad = P(X \in I) P(Y \in J) \end{aligned}$$

となるから．($|I| = I$ の長さ，$|I \times J| =$ 長方形 $I \times J$ の面積.)

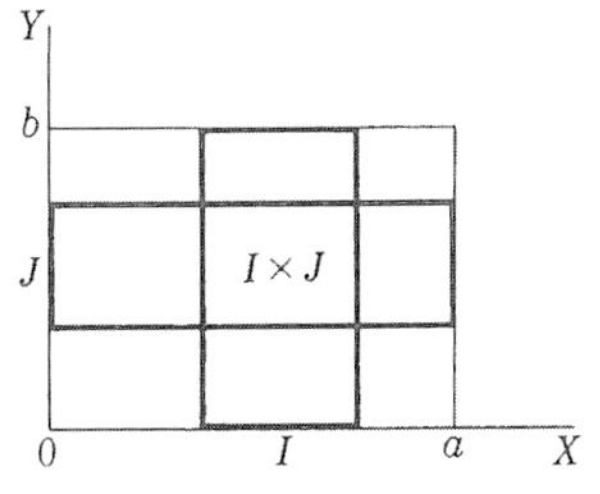

X の取りうる値が $a_1, a_2, \cdots$ で，それぞれの値を取る確率が $p_1, p_2, \cdots$ であることを

$$X : \begin{pmatrix} a_1 & a_2 & \cdots \\ p_1 & p_2 & \cdots \end{pmatrix},\quad \sum_{i \geq 1} p_i = 1$$

で表そう．離散分布 $\{p_i\}$ を X **の分布**という．

例 6　$X:\begin{pmatrix} 0 & 1 & 2 & \cdots \\ p_0 & p_1 & p_2 & \cdots \end{pmatrix}$,

$Y:\begin{pmatrix} 0 & 1 & 2 & \cdots \\ q_0 & q_1 & q_2 & \cdots \end{pmatrix}$

が独立ならば，和 $X+Y$ の分布 $\{r_n\}$ は

$$r_n=\sum_{k=0}^{n} p_k q_{n-k},\quad k\geq 0 \tag{8}$$

で与えられる．何故ならば

$$\begin{aligned} r_n=P(X+Y=n)&=P\left[\sum_{k=0}^{n}\{X=k,\ Y=n-k\}\right] \\ &=\sum_{k=0}^{n} P(X=k,\ Y=n-k) \\ &=\sum_{k=0}^{n} P(X=k)P(Y=n-k)=\sum_{k=0}^{n} p_k q_{n-k} \end{aligned}$$

だから．

X，Y が独立で，分布がポアソン分布 $\{p(k\ ;\ \lambda)\}$，$\{p(k\ ;\ \mu)\}$ ならば，(8)によって

$$\begin{aligned} P(X+Y=n)&=\sum_{k=0}^{n} e^{-\lambda}\frac{\lambda^k}{k!}\cdot e^{-\mu}\frac{\mu^{n-k}}{(n-k)!} \\ &=e^{-(\lambda+\mu)}\frac{1}{n!}\sum_{k=0}^{n}\frac{n!}{k!(n-k)!}\lambda^k\mu^{n-k} \\ &=e^{-(\lambda+\mu)}\frac{(\lambda+\mu)^n}{n!} \end{aligned}$$

だから $X+Y$ の分布はポアソン分布 $\{p(k\ ;\ \lambda+\mu)\}$ である．

X，Y が独立で，分布が二項分布 $\{b(k\ ;\ n,p)\}$，$\{b(k\ ;\ m,p)\}$ ならば，(8)によって

$$\begin{aligned} &P(X+Y=l) \\ &=\sum_{k=0}^{l} {}_n\mathrm{C}_k p^k q^{n-k}\cdot{}_m\mathrm{C}_{l-k}p^{l-k}q^{m-l+k} \\ &=\left(\sum_{k=0}^{l} {}_n\mathrm{C}_k\cdot{}_m\mathrm{C}_{l-k}\right)p^l q^{n+m-l} \\ &={}_{n+m}\mathrm{C}_l p^l q^{n+m-l},\quad 0\leq l\leq n+m \end{aligned}$$

だから $X+Y$ の分布は二項分布 $\{b(k\ ;\ n+m,p)\}$ である．

３．Bernoulli 試行

成功か失敗の二つの結果しかない試行を **Bernoulli 試行**という．成功の確率が p の Bernoulli 試行を次々に繰り返して行う無限試行を考えよう．

$$X_i=\begin{cases}1, & i\text{ 回目が成功のとき}\\ 0, & \text{失敗のとき}\end{cases},\quad i\geq 1$$

とおくと

$$X_i:\begin{pmatrix}0 & 1\\ q & p\end{pmatrix},\quad i\geq 1\qquad (q=1-p)$$

であって，$\{X_1, X_2, \cdots\}$ は独立である．この独立列に関連した２，３の例題を挙げよう．

例７　（幾何分布）　Bernoulli 試行で成功するまでの失敗の回数（待ち時間）を T で表す．失敗ばかり続く場合を考慮して

$$T\equiv\begin{cases}k-1, & X_1=\cdots=X_{k-1}=0,\\ & X_k=1\text{ のとき},\ k\geq 1\\ \infty, & X_1=\cdots=X_k=\cdots=0\text{ のとき}\end{cases}$$

と定義しよう．明らかに

(9)　$$P(T=k)=pq^k,\quad 0\leq k<\infty.$$

したがって

$$P(T=\infty)=1-P(T<\infty)=1-\sum_{k=0}^{\infty}pq^k=0$$

であり，Bernoulli 試行を繰り返して行けば，何時かは成功する（確率が１である）．$\{pq^k\}_{k\geq 0}$ は一つの離散分布で，これを幾何分布とよぶ．

n 回成功するまでの失敗の回数 T_n の分布を求めよう．

$T_n=k\Longleftrightarrow k$ 回の失敗と $n-1$ 回の成功があって $k+n$ 回目が成功

$\Longleftrightarrow X_1, \cdots, X_{k+n-1}$ の中 k 個が０，$n-1$ 個が１で $X_{k+n}=1$.

ゆえに

(10)　$$P(T_n=k)={}_{n+k-1}\mathrm{C}_{n-1}p^n q^k,\quad k=0,1,2,\cdots.$$

練習問題１．４を考慮すると

$$\sum_{k=0}^{\infty} {}_{n+k-1}C_{n-1}q^k = \sum_{k=0}^{\infty}\binom{-n}{k}(-q)^k = (1-q)^{-n}$$
$$= 1/p^n$$

であるから，(10)右辺の k についての和は 1 であり，$P(T_n<\infty)=1$ であることがわかる．このことから，無限 Bernoulli 試行を行うときは，何回でも，すなわち無限回成功することもわかる．

例 8　（破産の問題）　A，B の二人で賭をして，毎回勝った方が敗けた方から 1 円を貰い，どちらかの所持金が無くなったら賭を止めることにする．A がこの賭に勝つ確率を求めよう．A の所持金が x 円のとき，A が勝って賭が終るという事象を E_x，1 回の賭で A が勝つ確率を p としその事象を F とすると

$$p_x \equiv P(E_x) = P(FE_x) + P(F^cE_x)$$
$$= P(F)P(E_x|F) + P(F^c)P(E_x|F^c)$$

となる．仮定から $P(F)=p$，$P(F^c)=q\ (=1-p)$．また $P(E_x|F)$ は A が 1 回目に勝って所持金が $x+1$ 円になった後最終的に勝つ確率であるから p_{x+1} に等しい．同様に $P(E_x|F^c)=p_{x-1}$ である．ゆえに

(11)　$$p_x = pp_{x+1} + qp_{x-1},\quad 1\leq x\leq a-1.$$

ただし，a は二人の所持金の合計で，a も x も整数であるとする．賭の規約によって，p_x は境界条件

(12)　$$p_0=0,\quad p_a=1$$

を満たさなければならない．p_x を求めよう．(11)を，$p_x=(p+q)p_x$ としてから書き直すと

$$(p_{x+1}-p_x)p = (p_x-p_{x-1})q$$

となる．ゆえに，$\alpha=q/p$ とおいて

$$p_{x+1}-p_x = \alpha(p_x-p_{x-1}) = \alpha^2(p_{x-1}-p_{x-2}) = \cdots$$
$$= \alpha^x(p_1-p_0),$$
$$p_x-p_0 = (p_x-p_{x-1}) + (p_{x-1}-p_{x-2}) + \cdots + (p_1-p_0)$$
$$= (\alpha^{x-1}+\alpha^{x-2}+\cdots+1)(p_1-p_0)$$

を得る．$p_0=0$ だから

$$p_x=\begin{cases}\dfrac{1-\alpha^x}{1-\alpha}p_1, & \alpha\neq 1 \qquad (\Longleftrightarrow p\neq q)\\ p_1 x, & \alpha=1.\end{cases}$$

$p_a=1$ と上式とから

$$p_1=\frac{1-\alpha}{1-\alpha^a}\,(\alpha\neq 1),\ \ \frac{1}{a}\,(\alpha=1).$$

したがって，

(13) $$p_x=\begin{cases}\dfrac{1-(q/p)^x}{1-(q/p)^a}, & p\neq q\\ x/a, & p=q\end{cases},\quad x=0,1,\cdots,a.$$

A が敗けて賭が終る確率 q_x も同様にすると

(14) $$q_x=\begin{cases}\dfrac{(q/p)^x-(q/p)^a}{1-(q/p)^a}, & p\neq q\\ 1-x/a, & p=q\end{cases},\quad x=0,1,\cdots,a.$$

であることがわかる。したがって，$p_x+q_x=1$ となり，この賭は何時かは終了する。言い換えれば，A か B かのどちらかが破産することになる。

注意．次によって(13)を書き直せば(14)が得られる：

a）x 円持った A が敗けるのは，$a-x$ 円持った B が勝つことだから，(13)で x を $a-x$ にかえる。

b）B が A に勝つ確率は q，負ける確率は p なので(13)で p と q とを交換する。

練習問題　3

1．事象の特性関数について，次の関係式が成り立つことを示せ。

(1) $I_{AB}=I_A I_B$　　(2) $I_{A+B}=I_A+I_B$

(3) $I_{A^c}=1-I_A$　　(4) $I_{A\cup B}=I_A+I_B-I_{AB}$

(5) $I_{ABC}=I_A+I_B+I_C-I_{A\cup B}-I_{A\cup C}-I_{B\cup C}+I_{A\cup B\cup C}$

(6) $I_{A\setminus B}+I_{B\setminus A}=(I_A-I_B)^2$

2．確率変数 X と Y が独立ならば，$-X$ と Y も独立であることを示せ。

3．X，Y が独立で，それぞれパラメーター λ，μ の Poisson 分布に従うとき，

$$p_k = P(X=k|X+Y=n), \quad 0 \leq k \leq n$$

とおけば，$\{p_k\}$ は二項分布であることを証明せよ．

4．X，Y は互に独立で，どちらも整数の値をとるとする．

$$p_k = P(X=k), \quad q_k = P(Y=k) \qquad (k=0, \pm 1, \cdots\cdots)$$

とおくと，和 $X+Y$ の分布は

$$P(X+Y=n) = \sum_{k=-\infty}^{\infty} p_k q_{n-k} \qquad (n=0, \pm 1, \cdots\cdots)$$

で与えられることを証明せよ．

5．次の各々の場合に，$X-Y$ の分布を求めよ．

(1)　X，Y が独立に投げた2個のサイコロの目を表すとき．

(2)　X，Y が独立で，ともに幾何分布に従うとき：

$$P(X=k) = pq^k \qquad (k=0, 1, 2, \cdots), \quad q = 1-p.$$

第4章

分布関数

1. 分布関数

微分積分学では関数の連続性，微分可能性などが重要な役割を果すが，確率論では，標本空間で定義された関数である確率変数の値が偶然的に決まるというみかたが大切で，つねに固有の偶然法則を伴った変量として取り扱う．確率変数 X の値が a になる確率，a と b の間にある確率などを考えるには，X が a 以下になる確率をすべての a について知っていればよいという意味で，次の分布関数が X のしたがう確率法則を決定している．

事象 $\{X \leq a\}$ の確率を

(1) $$F(a) \equiv P(X \leq a)$$

とおいて，関数 $a \to F(a)$ を X の**分布関数**とよぶ．

この F を使うと，事象 $\{a < X \leq b\}$，$\{X > a\}$ などの確率は

$$P(a < X \leq b) = P(X \leq b) - P(X \leq a)$$
$$= F(b) - F(a),$$
$$P(X > a) = 1 - P(X \leq a) = 1 - F(a)$$

と表される．$P(X = a)$，$P(X < a)$ などを F から求めることを考えよう．そのため，次の準備をしておこう．

(2) 事象の増加列 $A_1 \subset A_2 \subset \cdots \subset A_n \subset \cdots$ に対して，$A = \bigcup_{n=1}^{\infty} A_n$ とおく（$A_n \uparrow A$ と表す）と，

$$P(A) = \lim_{n \to \infty} P(A_n),$$

(3)　事象の減少列 $A_1 \supset A_2 \supset \cdots \supset A_n \supset \cdots$ に対して，$A = \bigcap_{n=1}^{\infty} A_n$ とおく（$A_n \downarrow A$ と表す）と，

$$P(A) = \lim_{n\to\infty} P(A_n)$$

が成り立つ．実際，$A_n \uparrow A$ のとき，$A = \sum_{n=1}^{\infty}(A_n \backslash A_{n-1})$ だから，確率の完全加法性によって

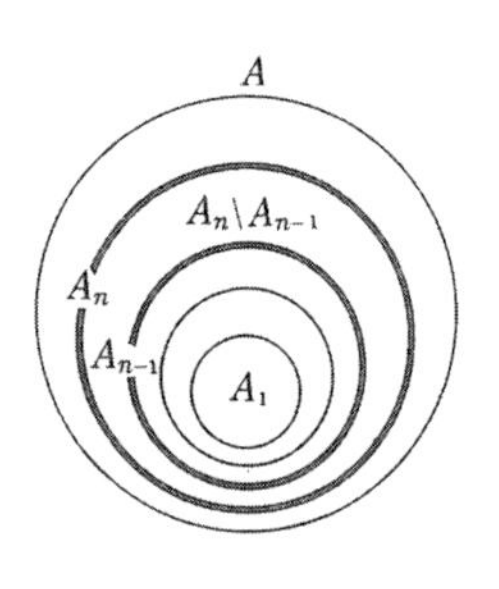

$$\begin{aligned} P(A) &= \sum_{n=1}^{\infty} P(A_n \backslash A_{n-1}) \\ &= \lim_{n\to\infty} \sum_{k=1}^{n} [P(A_k) - P(A_{k-1})] \\ &= \lim_{n\to\infty} P(A_n) \qquad (A_0 \equiv \phi). \end{aligned}$$

$A_n \downarrow A$ のときは，$A_n^c \uparrow A^c$ であるから今証明したことから

$$\begin{aligned} P(A) &= 1 - P(A^c) = 1 - \lim_{n\to\infty} P(A_n^c) \\ &= 1 - \lim_{n\to\infty}[1 - P(A_n)] = \lim_{n\to\infty} P(A_n) \end{aligned}$$

である．

さて，分布関数 F に戻ってその一般的な性質を述べよう．次が成り立つ：

(4)　(i)　$a \leq b$ ならば $F(a) \leq F(b)$．　　（単調増加）

(ii)　$F(-\infty) \equiv \lim_{a\to-\infty} F(a) = 0$,

$F(\infty) \equiv \lim_{a\to\infty} F(a) = 1$.

(iii)　右極限値 $F(a+) \equiv \lim_{b \downarrow a} F(b) = F(a)$．　　（右連続）

何となれば，$A_a \equiv \{X \leq a\}$ とおくと，

$a \leq b$ ならば $A_a \subset A_b$ だから(i)がでる．

$a_1 \geq a_2 \geq \cdots$，$a_n \to -\infty$ ならば $A_{a_n} \downarrow \phi$ だから(3)によって $F(-\infty) = 0$，$a_1 \leq a_2 \leq \cdots$，$a_n \to \infty$ ならば $A_{a_n} \uparrow \Omega$ だから(2)によって $F(\infty) = 1$ である．

$a_1 \geq a_2 \geq \cdots, a_n \to a$ ならば $A_{a_n} \downarrow A_a$ だから(3)によって $F(a_n) \downarrow F(a)$，すなわち $F(a+)=F(a)$．

事象 $\{X<a\}$ の確率を求めるため，真に増加する列 $a_1<a_2<\cdots<a_n<\cdots$，$a_n \to a$ をとると，$X(\omega)<a$ となるのは，(ω に依存する)ある番号 n があって，$X(\omega) \leq a_n$ となるときであるから，$A_{a_n} \uparrow \{X<a\}$ である。したがって，(2)から

(5)　$$P(X<a)=\lim_{n\to\infty} F(a_n)=F(a-) \qquad \text{(左極限値)}$$

となる。これから

(6)　$$P(X=a)=P(X \leq a)-P(X<a) = F(a)-F(a-)$$

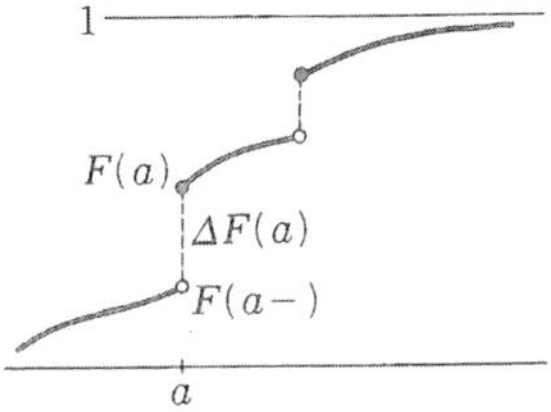

が得られる。これを言い換えれば，X の値が a である確率は，分布関数 F の点 a での飛躍量

$$\varDelta F(a)=F(a)-F(a-)$$

に等しく，したがって

(7)　$$F \text{ が点 } a \text{ で連続} \Longleftrightarrow P(X=a)=\varDelta F(a)=0$$

ということになる。

到るところ連続な分布 F を**連続分布**とよぶ。一般に，F は不連続点をもつが，F は増加関数なので((4)(i))，よく知られているようにその不連続点はあっても高々可算個しかない。それらの点のなす集合を $D=\{a_1, a_2, \cdots\}$ とし，$p_j=P(X=a_j)$，$\alpha=\sum_j p_j$ とおく。$\alpha=1$ ならば，

$$P(X \in \mathbb{R} \setminus D)=P(X \in \mathbb{R})-P(X \in D)=1-\alpha=0$$

だから，X が D 以外の値をとる確率は無視できて

$$F(a)=\sum_{a_j \leq a} p_j$$

と表され，F はその不連続点 a_j での飛躍 p_j だけで増加する関数であることがわかる。このような分布を**純粋不連続分布**あるいは**離散分布**とよぶ。F が連続分布になるのは $D=\phi \Longleftrightarrow \alpha=0$ のときで，$0<\alpha<1$ ならば，F は混合型で，次のように，離散分布 F^d と連続分布 F^c の凸

1次結合でかける：

$$F=\alpha F^d+(1-\alpha)F^c$$

実際，a までの F の飛躍量の和 $J(a)=\sum_{a_j\leq a}p_j$ を F から引き去った残り $G=F-J$ は到るところ連続であるから，$J(\infty)=\alpha$, $G(\infty)=1-\alpha$ に注意して

$$F^d=J/\alpha,\quad F^c=G/1-\alpha$$

とおけばよい。

例 1　(Ω_i, P_i)　$(i=1,2)$ を次のような確率空間とする：

$\Omega_1=\{\omega_1, \omega_2, \cdots, \omega_6\}$,

$P_1=$ ラプラスの確率（サイコロ投げ），

$\Omega_2=\{\omega|0<\omega\leq 1\}$,

$P_2=$ 幾何学的確率（一様分布）.

$$X_1(\omega_k)=k,\quad X_2(\omega)=k,\quad \frac{k-1}{6}<\omega\leq\frac{k}{6}\qquad(k=1,2,\cdots,6).$$

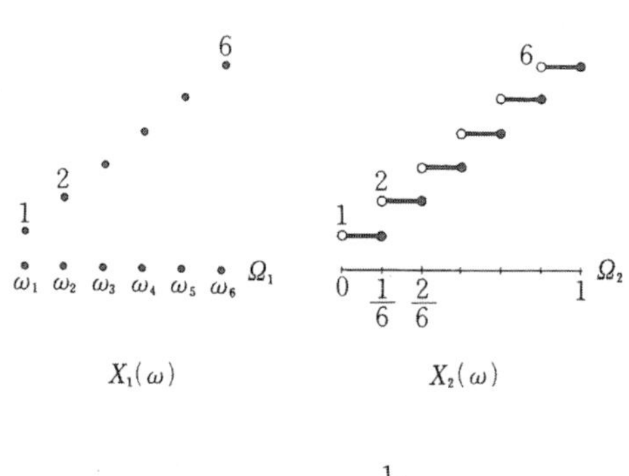

$X_1(\omega)$　　$X_2(\omega)$

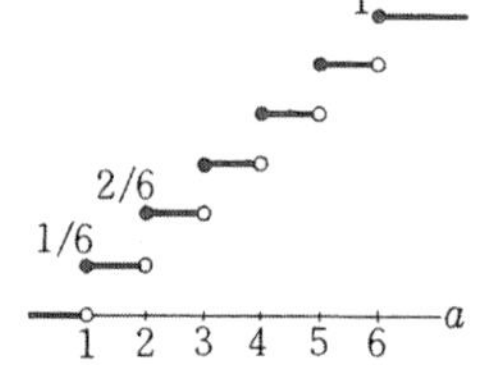

$F(a)$

とおいて X_1, X_2 を定義すると確率変数としては異なるが確率法則としての分布関数は同じである。

例 2　$\{X_k\}_{k\geq 1}$ は独立確率変数列，各 X_k の取りうる値は 0 または 1 で

$$P(X_k=1)=p,\quad P(X_k=0)=q,\quad p+q=1 \tag{8}$$

であるとする。

$$Z_n=\sum_{k=1}^{n}\frac{X_k}{2^k},\quad Z=\sum_{k=1}^{\infty}\frac{X_k}{2^k} \tag{9}$$

とおいて，Z_n, Z の分布関数を求めてみよう。

Z_n の取りうる値は

$$\frac{x_1}{2}+\frac{x_2}{2^2}+\cdots+\frac{x_n}{2^n}\qquad (x_k=0\ \text{または}\ 1)$$

なる形に表される 2^n 個の値 $0/2^n, 1/2^n, \cdots, (2^n-1)/2^n$ である。(8)から

$$P(X_k=x_k)=\begin{Bmatrix} q,\ \ x_k=0\ \text{のとき} \\ p,\ \ x_k=1\ \text{のとき}\end{Bmatrix}=q\left(\frac{p}{q}\right)^{x_k}$$

$$P(X_k<x_k)=\begin{Bmatrix} 0,\ \ x_k=0\ \text{のとき} \\ q,\ \ x_k=1\ \text{のとき}\end{Bmatrix}=x_kq$$

とかけるので，$\{X_k\}$ が独立であることから，$x=\sum_{k=1}^{\infty}x_k/2^k$ のとき，

$$\begin{aligned} F_n(x)&\equiv P(Z_n\leq x) \\ &=P(X_1<x_1)+P(X_1=x_1, X_2<x_2)+\cdots \\ &\quad +P(X_1=x_1,\cdots,X_{n-1}=x_{n-1},X_n<x_n) \\ &\quad +P(X_1=x_1,\cdots,X_n=x_n) \\ &=x_1q+x_2q^2\left(\frac{p}{q}\right)^{x_1}+\cdots \\ &\quad +x_nq^n\left(\frac{p}{q}\right)^{x_1+\cdots+x_{n-1}}+q^n\left(\frac{p}{q}\right)^{x_1+\cdots+x_n} \end{aligned} \tag{10}$$

となる。同様に

$$\begin{aligned} F(x)&\equiv P(Z\leq x)=\sum_{k=1}^{\infty}x_kq^k\left(\frac{p}{q}\right)^{x_1+\cdots+x_{k-1}} \\ &=x,\quad p=q=1/2\ \text{のとき} \end{aligned} \tag{11}$$

が得られる。$F_n(x)$, $F(x)$ のどちらも，$x<0$ のときは 0，$x\geq 1$ のときは 1 である。

$$Z_3=\frac{X_1}{2}+\frac{X_2}{2^2}+\frac{X_3}{2^3}$$

X_1	0	0	0	0	1	1	1	1
X_2	0	0	1	1	0	0	1	1
X_3	0	1	0	1	0	1	0	1
Z_3	0	1/8	2/8	3/8	4/8	5/8	6/8	7/8
確率	q^3	pq^2	…	…	…	…	p^2q	p^3

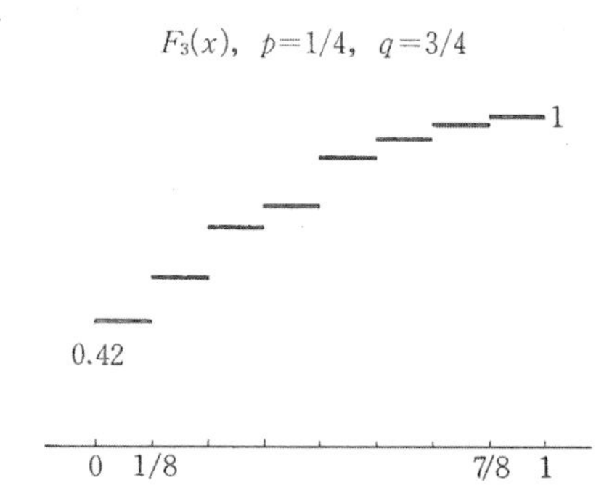

容易にわかるように，$P(Z=x)=0$ であるから，Z の分布は連続分布である。$p=q=1/2$ のときの分布を区間 $[0,1]$ 上の**一様分布**という。

2．密度関数

確率変数 X の分布関数 $F(x)$ が微分可能で，導関数

$$f(x)=F'(x) \tag{12}$$

が連続であるとしよう。このとき，$y<x$ ならば

$$F(x)-F(y)=\int_y^x f(t)dt. \tag{13}$$

F が増加関数だから $f(x)\geq 0$ である。$F(-\infty)=0$，$F(\infty)=1$ だから，(13)で $y\to-\infty$，$x\to\infty$ などとしてみると

$$\int_{-\infty}^{\infty} f(t)dt=1,\quad f(t)\geq 0 \tag{14}$$

$$F(x)=\int_{-\infty}^{x} f(t)dt \tag{15}$$

となる。(13)と平均値の定理によって

$$P(x \leqq X \leqq x+\Delta x)=f(\xi)\Delta x,$$
$$x<\xi<x+\Delta x$$

とかけるが，このことを

(16)　$P(X \in dx)=dF(x)=f(x)dx$

のようにかく。

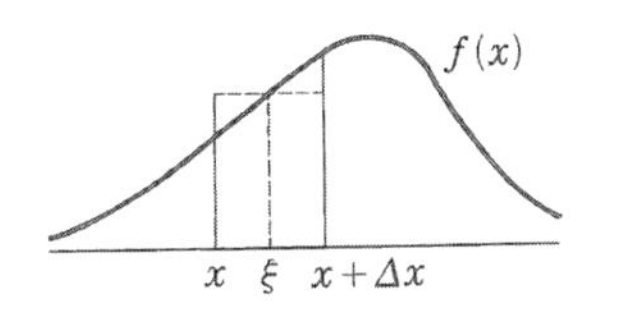

一般に，関数 f が(14)の 2 条件を満たすとき，f を（確率）**密度関数**とよぶ。関数 F を(15)によって定義すると，F は分布関数の 3 条件(4)(i)〜(iii)を満たす連続分布で，**絶対連続分布**とよばれる。分布 F が絶対連続であることがわかっていれば，$F(x)$ を微分することによって密度関数 $f(x)$ を取り出すことができる：

$$f(x)=\frac{dF(x)}{dx}=\frac{P(X \in dx)}{dx}.$$

増加関数 $F(x)$ は殆んど到るところ微分可能であることが知られている。F が離散分布ならば殆んど到るところ $F'(x)=0$ である。F が連続分布の場合でも同様のことが起こる。このような分布は（連続）**特異分布**と呼ばれている。

例 3　**（指数分布）**　密度関数が

(17)
$$f(x)=\begin{cases}\lambda e^{-\lambda x}, & x \geqq 0 \\ 0, & x<0\end{cases} \qquad (\lambda \text{ は正の定数})$$

である分布を指数分布とよぶ。

$$P(X>t)=\int_t^{\infty} \lambda e^{-\lambda x}dx=e^{-\lambda t}, \quad t \geqq 0$$

だから，

(18)
$$P(X>s+t)=P(X>s)P(X>t), \quad s, t \geqq 0$$

である。

いま，ランダムに衝突を繰り返しながら飛行をしている気体分子を考えよう。ある分子 ω が他の分子に衝突するまでの時間を $X(\omega)$ とおき，$0<X(\omega)<\infty$ であるとしよう。直ぐには衝突しないが何時かは衝突をするという意味である。時刻 s で衝突が起きていないとき，t 秒後

も未だ衝突が起きないという条件つき確率 $P(X>s+t|X>s)$ が，s に関係なく t 秒間は衝突しないという確率 $P(X>t)$ に等しいことも仮定しよう。事象の包含関係 $\{X>s+t\}\subset\{X>s\}$ に注意すると

$$\begin{aligned}P(X>s+t)&=P(X>s+t,X>s)\\&=P(X>s)P(X>s+t|X>s)\\&=P(X>s)P(X>t)\end{aligned}$$

だから，$\varphi(t)\equiv P(X>t)$ とおいて，等式

$$\varphi(s+t)=\varphi(s)\varphi(t),\quad s,t\geq 0 \tag{19}$$

を得る。$\varphi(t)$ は減少関数であるから積分可能である。そこで(19)の両辺を s について 0 から a まで積分すると

$$\varphi(t)\int_0^a\varphi(s)ds=\int_0^a\varphi(s+t)ds=\int_t^{t+a}\varphi(s)ds$$

となる。この式から，$\varphi(t)$ が連続，したがってまた同じ式から $\varphi(t)$ が連続的に微分可能なことがわかる。ゆえに，(19)を t で微分してから $t\to 0$ とすると，

$$\varphi'(s+t)=\varphi(s)\varphi'(t),\quad \varphi'(s)=\varphi'(0)\varphi(s)$$

となるので，

$$\varphi(s)=e^{-\lambda s}\qquad(\lambda=-\varphi'(0)>0).$$

すなわち，

$$P(X>s)=e^{-\lambda s},$$

$$\frac{d}{ds}P(X\leq s)=\frac{d}{ds}(1-e^{-\lambda s})=\lambda e^{-\lambda s}$$

で，衝突する迄の時間 X の分布は指数分布になる。

例 4　**（正規分布）**

$$f(x)=\frac{1}{\sqrt{2\pi\sigma^2}}\exp\left[-\frac{(x-\mu)^2}{2\sigma^2}\right],\quad \mu\in\boldsymbol{R},\sigma>0 \tag{20}$$

を密度関数とする分布を正規分布という．特に，$\mu=0$, $\sigma=1$ であるものを**標準正規分布**とよび，

$$\phi(x)=\frac{1}{\sqrt{2\pi}}e^{-x^2/2}, \tag{21}$$

(22) $$\Phi(x)=\frac{1}{\sqrt{2\pi}}\int_{-\infty}^{x}e^{-t^2/2}dt$$

とおく。確率変数 X の分布が(20)の f を密度にもつ正規分布であることを，$X\in N(\mu,\sigma^2)$ と記すことにしよう。

(23)　$X\in N(\mu,\sigma^2)$ ならば，

$$Z\equiv(X-\mu)/\sigma\in N(0,1)$$

かつ

(24) $$P(X\leq x)=\Phi\left(\frac{x-\mu}{\sigma}\right)$$

である。実際，

$$\frac{d}{dx}P(Z\leq x)=\frac{d}{dx}P(X\leq\mu+\sigma x)=\sigma f(\mu+\sigma x)$$
$$=\phi(x)$$

から(23)がでる。(24)は次のとおり。

$$F(x)=P(X\leq x)=P(Z\leq(x-\mu)/\sigma)=\Phi((x-\mu)/\sigma).$$

中心極限定理などで示されるように，正規分布は，分布の無限列の極限分布として現れることが多い。一例を挙げよう。

P_n を半径1の n 次元球 $\Omega_n\equiv\{x_1^2+\cdots+x_n^2\leq 1\}$ 上の一様分布（幾何学的確率分布）とする。Ω_n 上の確率変数 $X_1^{(n)}$ を

$$X_1^{(n)}(x)=x_1,\quad x=(x_1,\cdots,x_n)\in\Omega_n$$

で定義すると，$\sqrt{n}X_1^{(n)}$ の分布は，$n\to\infty$ のとき，標準正規分布に収束する：

(25) $$\lim_{n\to\infty}P_n(a\leq\sqrt{n}X_1^{(n)}\leq b)=\frac{1}{\sqrt{2\pi}}\int_a^b e^{-x^2/2}dx.$$

証明．半径 r の n 次元球の体積 $V_n(r)$ は，よく知られているように

(26) $$\begin{cases}V_n(r)=\dfrac{\pi^{n/2}}{\Gamma\left(\dfrac{n}{2}+1\right)}r^n,\\ \Gamma(z)=\displaystyle\int_0^\infty e^{-x}x^{z-1}dx\quad\text{（ガンマ関数）}\end{cases}$$

である。$\{a\leq\sqrt{n}X_1^{(n)}\leq b\}$ の確率は，Ω_n の部分 $\{x\in\Omega_n|a\leq\sqrt{n}x_1\leq b\}$ の体積と $V_n(1)$ との比であって，次のように計算される。

$$P_n(a \leq \sqrt{n}X_1^{(n)} \leq b) = \frac{1}{V_n(1)} \underset{\substack{x_1^2+\cdots+x_n^2 \leq 1 \\ a \leq \sqrt{n}x_1 \leq b}}{\int \cdots \int} dx_1 dx_2 \cdots dx_n$$

$$= \frac{1}{V_n(1)} \int_{a/\sqrt{n}}^{b/\sqrt{n}} dx_1 \underset{x_2^2+\cdots+x_n^2 \leq 1-x_1^2}{\int \cdots \int} dx_2 \cdots dx_n$$

$$= \frac{V_{n-1}(1)}{V_n(1)} \int_{a/\sqrt{n}}^{b/\sqrt{n}} (1-x_1^2)^{\frac{n-1}{2}} dx_1$$

$$= \frac{V_{n-1}(1)}{V_n(1)} \frac{1}{\sqrt{n}} \int_a^b \left(1-\frac{t^2}{n}\right)^{\frac{n-1}{2}} dt.$$

ガンマ関数の漸近的性質

$$\Gamma(z) \sim \sqrt{2\pi}\, e^{-z} z^{z-1/2}, \quad z \to \infty$$

と(26)とから

$$\frac{V_{n-1}(1)}{V_n(1)} \frac{1}{\sqrt{n}} \sim \frac{1}{\sqrt{2\pi}}, \quad n \to \infty$$

であり，また，$n \to \infty$ のとき，被積分関数が $e^{-t^2/2}$ に収束するので，先の式で $n \to \infty$ とすると，(25)が得られる。

$X_2^{(n)}(x) = x_2$ とおき，同様な計算をしてみると

$$\lim_{n \to \infty} P_n(a \leq \sqrt{n}X_1^{(n)} \leq b,\, c \leq \sqrt{n}X_2^{(n)} \leq d)$$

$$= \frac{1}{\sqrt{2\pi}} \int_a^b e^{-x^2/2} dx \cdot \frac{1}{\sqrt{2\pi}} \int_c^d e^{-y^2/2} dy$$

$$= \lim_{n \to \infty} P_n(a \leq \sqrt{n}X_1^{(n)} \leq b) \cdot \lim_{n} P_n(c \leq \sqrt{n}X_2^{(n)} \leq d)$$

となる。これは，$X_1^{(n)}$，$X_2^{(n)}$ に関係した二つの事象の積事象の確率がそれぞれの事象の確率の積に漸近的に等しいことを示すもので，$X_1^{(n)}$ と $X_2^{(n)}$ とは漸近的に独立であるということができる。

3．独立確率変数の和の分布

X，Y を独立とする。取り得る値が離散的なときの和 $X+Y$ の分布については，二項分布やポアソン分布をする場合に例３．６で説明した。ここでは，X，Y の分布がそれぞれ密度 f，g をもつ場合で簡単に述べよう。(16)によって

$$P(X \in dx) = f(x)dx, \quad P(Y \in dy) = g(y)dy.$$

また，

$$P(X \in dx, Y \in dy) = P(X \in dx)P(Y \in dy)$$
$$= f(x)g(y)dxdy$$

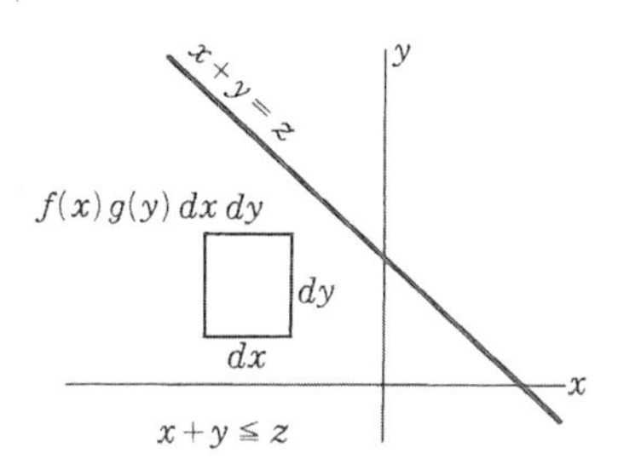

だから

$$P(X+Y \leq z) = \iint_{x+y \leq z} f(x)g(y)dxdy$$
$$= \int_{-\infty}^{\infty} f(x)dx \int_{-\infty}^{z-x} g(y)dy.$$

ゆえに，$X+Y$ の分布は密度

(27)
$$h(z) \equiv \frac{d}{dz} P(X+Y \leq z) = \int_{-\infty}^{\infty} f(x)g(z-x)dx$$

をもつ。

X，Y が非負ならば，$f(x)=g(x)=0$ $(x<0)$ であるから

(28)
$$h(z) = \int_0^z f(x)g(z-x)dx, \quad z>0$$

である。

例5　$X_1, \cdots, X_n$ は独立とする。(27)，(28)から直接に計算して，

1）$X_i \in N(\mu_i, \sigma_i^2)$ ならば

$$X_1 + X_2 \in N(\mu_1 + \mu_2, \sigma_1^2 + \sigma_2^2).$$

2）$P(X_i \in dx) = \lambda e^{-\lambda x}dx$（指数分布）ならば

$$P[(X_1 + X_2) \in dx] = \lambda^2 e^{-\lambda x} x dx,$$

……

$$P[(X_1 + \cdots + X_n) \in dx)$$

$$=\frac{\lambda^n}{(n-1)!}e^{-\lambda x}x^{n-1}dx \text{（ガンマ分布）}.$$

（例6．8，例8．6を参照）

練習問題　4

1．ある物体を水平方向となす角が φ の方向に初速度 v で投げ上げげたとき，到達する水平距離 D と最高の高さ H はそれぞれ

$$D=a\sin 2\varphi,\ \ H=\frac{a}{2}\sin^2\varphi \qquad \left(a=\frac{v^2}{g}\right)$$

で与えられる．傾角 φ を区間 $(0, \pi/2)$ からランダムに選ぶとき，D, H それぞれの分布を求めよ．

2．X，Y，Z が独立に区間 $(0,1)$ 上に一様分布をするとき，$X+Y$ および $X+Y+Z$ の密度関数を求めよ．

3．X，Y は独立で，どちらも標準正規分布 $N(0,1)$ に従う確率変数とする．

(1)　次の確率変数の分布を求めよ．

(i)　X^2+Y^2　　(ii)　$R=\sqrt{X^2+Y^2}$

(iii)　$\max\{X, Y\}$　　(iv)　$\min\{X, Y\}$

(2)　$X=R\cos\Theta$，$Y=R\sin\Theta$ $(0\leq\Theta<2\pi)$ によって Θ を定義すると，Θ は R と独立に $[0, 2\pi)$ 上に一様分布することを示せ．

(3)　θ を定数として

$$U=X\cos\theta-Y\sin\theta,\ \ V=X\sin\theta+Y\cos\theta$$

とおくと，U，V は独立で，その分布は $N(0,1)$ であることを示せ．

4．確率変数 X が自分自身と独立ならば X は定数である：定数 c があって，$P(X=c)=1$ となることを証明せよ．

5．$F(x)$ を確率分布関数とする．不等式

$$F(m-) \leq \frac{1}{2} \leq F(m)$$

を満たす m を分布 F の中央値 (median) とよぶ。次の分布の中央値を求めよ。（中央値の集合は閉区間をなす。）

(1)　単位分布

(2)　サイコロを投げたときでる目の分布

(3)　Cauchy 分布　$\dfrac{1}{\pi}\dfrac{1}{1+x^2}$

(4)　指数分布　$\lambda e^{-\lambda x}$　$(x>0)$

第5章

平　均　値

1．平均値

確率変数 X の取りうる値を $a_1, a_2, \cdots, a_n, \cdots$ とすると，X は

(1)　　$X=\sum_{n\geq 1} a_n I_{A_n},\ \ A_n \equiv \{\omega | X(\omega)=a_n\}$　　$(\sum_{n\geq 1} A_n=\Omega)$

と表される．条件

$$\sum_{n\geq 1}|a_n|P(A_n)<\infty$$

の下で，X の**平均(値)**(Expectation) $E(X)$を

(2)　　$E(X)\equiv\sum_{n\geq 1} a_n P(A_n)$

と定義する．平均 $E(X)$ は $X(\omega)$ の確率測度 $dP(\omega)$ による Lebesgue 式積分に他ならず，$\int_\Omega X(\omega)dP(\omega)$ ともかかれる．また，上の絶対収束の条件は有限な積分値が存在するための条件で，これが成り立つとき X は積分可能であるといわれる．X を(1)のように表示したときは，$\{a_n\}$ が X の取りうる値であることから $a_n \neq a_m$ $(n \neq m)$ と考えていたが，X が(1)の形に表されていれば a_n の中に互に等しくなるものがあってもその平均値は(2)の右辺で与えられる（ただし，条件 $A_n \cdot A_m=\phi$, $n \neq m$ はつける)．例えば，a_1 と a_2 だけが等しいとすると，(1)に相当するのは

$$X=a_1 I_{A_1+A_2}+\sum_{n\geq 3} a_n I_{A_n}$$

だから

$$E(X)=a_1 P(A_1+A_2)+\sum_{n\geq 3} a_n P(A_n)$$

$$=\sum_{n\geq 1} a_n P(A_n)$$

である。

(2)で，$p_n=P(A_n)$ とおくと

(2′) $$E(X)=\sum_{n\geq 1} a_n p_n$$

とかける。これは $E(X)$ が分布 $\{a_n, p_n\}_{n\geq 1}$ だけで決まることを示すもので，$E(X)$ を分布の平均値ともいう。

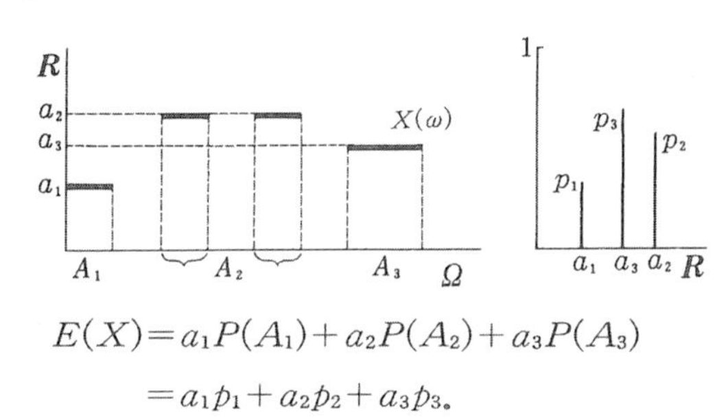

$$E(X)=a_1P(A_1)+a_2P(A_2)+a_3P(A_3)$$
$$=a_1p_1+a_2p_2+a_3p_3.$$

2．平均値，分散とその性質

X は(1)で定義された確率変数で，Y は

$$Y=\sum_{m\geq 1} b_m I_{B_m},\quad \sum_{m\geq 1} B_m=\Omega$$

であるとする。次が成り立つ。

(3) $$E(I_A)=P(A),\quad E(1)=1.$$

X，Y に平均値があれば，cX，$X+Y$ にも平均値があって

(4) $$E(cX)=cE(X) \qquad (c \text{ は定数})$$

(5) $$E(X+Y)=E(X)+E(Y)$$

(6) $$X\geq 0\ (\Longleftrightarrow a_n\geq 0\ \forall n) \text{ ならば } E(X)\geq 0$$
$$X\geq Y \text{ ならば } E(X)\geq E(Y)$$

(7) $$|E(X)|\leq E(|X|)$$

(8) X と Y が独立ならば $E(XY)=E(X)E(Y)$.

実際，和 $X+Y$ が

$$X+Y=\sum_{n\geq 1}\sum_{m\geq 1}(a_n+b_m)I_{A_nB_m}$$

と表されるので

$$E(X+Y)=\sum_{n\geq 1}\sum_{m\geq 1}(a_n+b_m)P(A_nB_m)$$

$$=\sum_{n\geq 1}a_n\sum_{m\geq 1}P(A_nB_m)+\sum_{m\geq 1}b_m\sum_{n\geq 1}P(A_nB_m).$$

$$\sum_{m\geq 1}P(A_nB_m)=P(A_n\cap(\sum_{m\geq 1}B_m))$$

$$=P(A_n\Omega)=P(A_n),$$

$$\sum_{n\geq 1}P(A_nB_m)=P(B_m)$$

であるから

$$E(X+Y)=\sum_n a_nP(A_n)+\sum_m b_mP(B_m)$$

$$=E(X)+E(Y)$$

となる．(3)，(4)，(7)と(6)の前半は定義の式(2)から自明であり，後半はこれらのことと $X-Y\geq 0$ とより

$$0\leq E(X-Y)=E(X)-E(Y)$$

として得られる．次に X と Y が独立であるとしよう．

$$XY=\sum_{n\geq 1}\sum_{m\geq 1}a_nb_mI_{A_nB_m}$$

だから

$$E(XY)=\sum_{n\geq 1}\sum_{m\geq 1}a_nb_mP(A_nB_m)$$

$$=\sum_n\sum_m a_nb_mP(A_n)P(B_m)$$

$$=\sum_n a_nP(A_n)\cdot\sum_m b_mP(B_m)$$

$$=E(X)E(Y)$$

となる．

$\varphi(x)$ を $\boldsymbol{R}$ 上の関数とするとき，$\varphi(X)$ の平均値は次のように X の分布から求められる．

(9) $$E[\varphi(X)]=\sum_{n\geq 1}\varphi(a_n)P(X=a_n),$$

ただし，$\sum_n|\varphi(a_n)|P(X=a_n)<\infty$．

証明． $\varphi(a_1)$，$\varphi(a_2)$，…の中には同じものがあるかも知れないが互に相

異なるものは，b_1，b_2，…であったとする．$\varphi(a_k)=b_p$ となる a_k の全体を E_p とおくと

$$\{\varphi(X)=b_p\}=\sum_{a_k\in E_p}\{X=a_k\}.$$

ゆえに

$$\begin{aligned}E[\varphi(X)]&=\sum_p b_pP(\varphi(X)=b_p)\\&=\sum_p b_p\sum_{a_k\in E_p}P(X=a_k)\\&=\sum_p\sum_{a_k\in E_p}\varphi(a_k)P(X=a_k)\\&=\sum_{n\geq 1}\varphi(a_n)P(X=a_n).\end{aligned}$$

$\varphi(x)=x^p$ のとき

$$E(X^p)=\sum_n a_n^pP(X=a_n)\qquad(p=1,2,\cdots)$$

を X または分布 $\{p_n\}$ の p 次のモーメントという．$X-E(X)$ の2次モーメント（平均 $E(X)$ のまわりの2次モーメント）

(10) $$V(X)\equiv E[(X-E(X))^2],\ \text{ただし}\ E(X^2)<\infty$$

を X または分布 $\{p_n\}$ の**分散**(Variance)といい，その平方根 $\sqrt{V(X)}$ を**標準偏差**とよぶ．(10)式右辺の平方を展開して平均をとると

(11) $$V(X)=E(X^2)-(E(X))^2$$

となる．分散は相似変換 $X\to aX$ によって a^2 倍され，平行移動 $X\to X+b$ では不変である：

(12) $$V(aX+b)=a^2V(X).$$

実際，$\mu\equiv E(X)$ とおくと，$E(aX+b)=a\mu+b$ だから

$$\begin{aligned}V(aX+b)&=E[((aX+b)-(a\mu+b))^2]\\&=E[a^2(X-\mu)^2]=a^2V(X)\end{aligned}$$

である．

X，Y ともに2次モーメントが有限ならば，不等式

$$|XY|\leq\frac{1}{2}(X^2+Y^2)$$

から $|XY|$，XY の平均が存在する．λ の非負2次式

$$0 \leq E[(\lambda X+Y)^2]=\lambda^2 E(X^2)+2\lambda E(XY)+E(Y^2)$$

の判別式を考えることにより

$$|E(XY)| \leq \sqrt{E(X^2)}\sqrt{E(Y^2)}$$

が得られる．X，Y を $|X|$，$|Y|$ としても同様だから，(7)を考慮すれば

(13) $|E(XY)| \leq E(|XY|) \leq \sqrt{E(X^2)}\sqrt{E(Y^2)}$ (Schwarz の不等式)

が成り立つことがわかる．

次の

(14) $C(X, Y) \equiv E[(X-E(X))(Y-E(Y))]$

$=E(XY)-E(X)E(Y)$，ただし $E(X^2)$，$E(Y^2)<\infty$

を X と Y の**共分散** (Covariance) という．X の分散は X と X との共分散である．(14)の右辺から容易にわかるように，$C(X, Y)$ は対称な双 1 次形式だから，$aX+bY$ の分散は

(15) $V(aX+bY)=C(aX+bY,\ aX+bY)$

$=a^2 V(X)+2abC(X, Y)+b^2 V(Y)$

とかける．(8)と(14)，(15)から

(16) X と Y が独立ならば $C(X, Y)=0$ であり

$$V(aX+bY)=a^2 V(X)+b^2 V(Y)$$

であることがわかる．

いくつかの具体例について平均，分散などを計算してみよう．

例 1 (二項分布)

$$\begin{aligned}E(X)&=\sum_{k=0}^{n} k\frac{n!}{k!(n-k)!}p^k q^{n-k}\\&=np\sum_{k=1}^{n}\frac{(n-1)!}{(k-1)!(n-k)!}p^{k-1}q^{n-k}\\&=np\sum_{l=0}^{n-1}\frac{(n-1)!}{l!(n-1-l)!}p^l q^{n-1-l}\\&=np(p+q)^{n-1}=np.\end{aligned}$$

このように定義の式(2)から直接計算するよりも，次のように計算する方が楽である．

成功の確率が p の Bernoulli 列 $X_1, X_2, \cdots, X_n$ (独立で，$P(X_k=1)=$

p, $P(X_k=0)=q$) を考えると，$X=X_1+X_2+\cdots+X_n$ の分布は二項分布であって，

$$E(X_k)=1\cdot p+0\cdot q=p,$$
$$E(X_k^2)=1^2\cdot p+0\cdot q=p,\quad V(X_k)=p-p^2=pq$$

であるから

$$E(X)=E(X_1)+E(X_2)+\cdots+E(X_n)=np,$$
$$V(X)=V(X_1)+V(X_2)+\cdots+V(X_n)=npq$$

((16)を使った).

例 2　(Poisson 分布)

$$e^{\lambda}=\sum_{k=0}^{\infty}\lambda^k/k!$$

を λ で微分すると

$$e^{\lambda}=\sum_{1}^{\infty}k\lambda^{k-1}/k!=\frac{1}{\lambda}\sum_{0}^{\infty}k\lambda^k/k!. \qquad \cdots\cdots①$$

ゆえに

$$E(X)=\sum_{0}^{\infty}ke^{-\lambda}\lambda^k/k!=\lambda.$$

①の両辺を微分すると

$$e^{\lambda}=\sum_{2}^{\infty}k(k-1)\lambda^{k-2}/k!$$
$$=\frac{1}{\lambda^2}\sum_{0}^{\infty}k^2\lambda^k/k!-\frac{1}{\lambda^2}\sum_{0}^{\infty}k\lambda^k/k!.$$

ゆえに

$$E(X^2)=\sum_{0}^{\infty}k^2e^{-\lambda}\lambda^k/k!$$
$$=\lambda^2+\lambda,$$
$$V(X)=E(X^2)-(E(X))^2$$
$$=\lambda^2+\lambda-\lambda^2$$
$$=\lambda.$$

例 3　等式

$$P(A_1\cup A_2\cup\cdots\cup A_n)=\sum_{1\leq i\leq n}P(A_i)$$
$$-\sum_{1\leq i<j\leq n}P(A_iA_j)+\sum_{1\leq i<j<k\leq n}P(A_iA_jA_k)$$

$$-\cdots+(-1)^{n-1}P(A_1A_2\cdots A_n)$$

が成り立つことを示そう．*de Morgan* の法則によって

$$A\equiv A_1\cup A_2\cup\cdots\cup A_n=(A_1^cA_2^c\cdots A_n^c)^c$$

だから

$$\begin{aligned}I_A&=1-I_{A_1{}^cA_2{}^c\cdots A_n{}^c}\\&=1-\prod_{k=1}^{n}I_{A_k{}^c}\\&=1-\prod_{k=1}^{n}(1-I_{A_k})\\&=\sum_{1\le i\le n}I_{A_i}-\sum_{1\le i<j\le n}I_{A_i}I_{A_j}+\sum_{1\le i<j<k\le n}I_{A_i}I_{A_j}I_{A_k}-\cdots\cdots\end{aligned}$$

となる．$E(I_B)=P(B)$, $I_{A_i}I_{A_j}=I_{A_iA_j}$, …であるから，上式両辺の平均を考えると確率についてのはじめの等式が得られる．

例4　番号 1, 2, …N を記した N 枚のカードの山から復元抽出(毎回カードを元に戻す抽出方法）でカードを 1 枚抜き出す試行を繰り返すとき，次の確率変数

1）$T\equiv$ 番号 1 のカードが抜かれるまでの回数

2）$T_n\equiv$ 番号 1, 2, …, n のカードのすべてが抜き出されるまでの回数

の平均値を求めよう．

1)：$T=k$ となるのは 1 回から $k-1$ 回までは番号 1 以外のカードが抜かれて，k 回目に 1 がでるときだから

$$P(T=k)=\left(\frac{N-1}{N}\right)^{k-1}\frac{1}{N},\quad k=1,2,\cdots.$$

ゆえに，等式

$$\sum_{k=1}^{\infty}kx^{k-1}=\frac{1}{(1-x)^2}\qquad(|x|<1)$$

によって

$$E(T)=\sum_{k=1}^{\infty}k\left(\frac{N-1}{N}\right)^{k-1}\frac{1}{N}=N.$$

2)：$X_1\equiv$ 番号 1, 2, …, n のどれかのカードが抜かれるまでの回数とおくと，T の場合と同様にして

$$P(X_1=k)=\left(\frac{N-n}{N}\right)^{k-1}\frac{n}{N},\quad k=1,2,\cdots.$$

ゆえに

$$E(X_1)=\sum_{k=1}^{\infty}k\left(\frac{N-n}{N}\right)^{k-1}\frac{n}{N}=\frac{N}{n}. \qquad \cdots\cdots①$$

次に

$X_2\equiv X_1$ 回目以降から数えて，第2の新番号のカードが抜かれるまでの回数

とおく。X_2 の確率法則は指定された番号が $n-1$ 個の場合の X_1 の法則と同じであるから，①によって，$E(X_2)=N/n-1$ である。以下同様に

$X_3\equiv$第2の番号が出てから後，第3の新番号のカードが抜かれるまでの回数，

としてX_3，…，X_n を定義すると

$$\begin{aligned}E(T_n)&=E(X_1+X_2+\cdots+X_n)\\&=\frac{N}{n}+\frac{N}{n-1}+\cdots+\frac{N}{1}\\&=N\left(1+\frac{1}{2}+\cdots+\frac{1}{n}\right)\end{aligned}$$

となる。$n=N$ のとき，よく知られた極限値

$$\lim_{N\to\infty}\left(1+\frac{1}{2}+\cdots+\frac{1}{N}-\log N\right)=C=0.577\cdots$$

(Euler の定数)

によって，N が大きいときの $E(T_N)$ の大きさは

$$E(T_N)\sim N\log N$$

と評価される．

抽出方法を変えて，1～n の範囲に指定された番号のカードが出たら，元に戻さないでカードの山から抜きとっておく場合について考えよう．第1の新番号がでるまでの回数 X_1' は X_1 と同じである．その後，第2の新番号がでるまでに要する回数 X_2' は，カードの総数が $N-1$ で，その中の指定された $n-1$ 枚の中の一つが抜かれるまでの回数

である．以下同様に考えると，番号1〜nのカードがすべて抜き取られるまでの回数T_n'の平均は

$$\begin{aligned}E(T_n')&=E(X_1'+X_2'+\cdots+X_n')\\&=\frac{N}{n}+\frac{N-1}{n-1}+\cdots+\frac{N-n+1}{1}\\&=N\left(\frac{1}{n}+\frac{1-1/N}{n-1}+\cdots+\frac{1-(n-1)/N}{1}\right)\end{aligned}$$

だから，Nが大きいときは

$$E(T_n')\sim N\left(1+\frac{1}{2}+\cdots+\frac{1}{n}\right)=E(T_n)$$

となる．

3．平均値（密度がある場合）

Xの分布$F(a)\equiv P(X\leq a)$に密度関数$f(x)$があって

$$F(a)\equiv\int_{-\infty}^{a}f(x)dx$$

であるとき，Xの平均値は

(17)　$$E(X)=\int_{-\infty}^{\infty}xf(x)dx,\ ただし，\int_{-\infty}^{\infty}|x|f(x)dx<\infty$$

で与えられる．また$\varphi(x)$に対して(9)に対応する式

(18)　$$E[\varphi(X)]=\int_{-\infty}^{\infty}\varphi(x)f(x)dx,\ ただし，\int_{-\infty}^{\infty}|\varphi(x)|f(x)dx$$

が成り立つ．もっとも平均値$E(X)$の意味を未だ確定していなかったので，その定義のあらましを述べておこう．

1°）$X\geq 0$のとき．

(19)　$$X_n(\omega)\equiv\begin{cases}(k-1)/2^n,\ (k-1)/2^n<X(\omega)\leq k/2^n\ のとき,\\ \qquad\qquad\qquad\qquad\qquad (k=1,2,\cdots)\\ 0,\ X(\omega)=0\ のとき\end{cases}$$

とおくと，X_nは離散確率変数で，$X_n\uparrow X$，すなわち，

$$X_1(\omega)\leq X_2(\omega)\leq\cdots\leq X_n(\omega)\leq\cdots$$

かつ$\lim_{n\to\infty}X_n(\omega)=X(\omega)$．

したがって平均値の列 $E(X_n)$ は増加して有限または無限大の極限値 μ に収束する. $\mu<\infty$ のとき, X の平均値を

(20) $$E(X)\equiv\lim_{n\to\infty}E(X_n)=\mu$$

と定義する. $X_n'\uparrow X$ なる非負の離散確率変数列があれば, $n\to\infty$ のとき $E(X_n')\to\mu$ であることがわかるので, X の下からの近似列のとり方によらないで $E(X)$ が確定する.

2°) X が一般の場合.

$X^+(\omega)\equiv\max\{X(\omega),\ 0\}=X(\omega)$ と 0 の大きい方

$X^-(\omega)\equiv\max\{-X(\omega),\ 0\}$

とおいて, X^+ を X の正の部分, X^- を負の部分とよぶ.

$X^+\geq0$, $X^-\geq0$ であってかつ $X=X^+-X^-$, $|X|=X^++X^-$.

$E(X^+)$, $E(X^-)$ が共に有限のとき,

(21) $E(X)\equiv E(X^+)-E(X^-)$

を X の平均値とよぶ. X が離散的な場合, この $E(X)$ は(2)で与えたものと一致する. このようにして定義された平均値は(4)〜(8)を満たす. したがって, 分散, 共分散についても同様のことが言える.

さて, ここで(17)が成り立つことのアウトラインをみておこう. 簡単のため $X\geq0$ したがって $f(x)=0$ $(x<0)$ とし, さらに $f(x)$ は連続であるとする. X_n を(19)で定義された X の近似列とすると

$$\begin{aligned}E(X)&=\lim_n E(X_n)\\&=\lim_n\sum_{k=1}^{\infty}\frac{k-1}{2^n}P\left(X_n=\frac{k-1}{2^n}\right)\\&=\lim_n\sum_{k=1}^{\infty}\frac{k-1}{2^n}\int_{(k-1)/2^n}^{k/2^n}f(x)dx\\&=\lim_n\sum_k\frac{k-1}{2^n}\cdot f\left(\frac{k-1}{2^n}\right)\cdot\frac{1}{2^n}\\&=\int_0^\infty xf(x)dx.\end{aligned}$$

例 5 (正規分布)

$Z\in N(0,1)$ (標準正規分布) のとき,

$$E(Z)=\int_{-\infty}^{\infty}x\frac{1}{\sqrt{2\pi}}e^{-x^2/2}dx=0.$$

$$V(Z)=E(Z^2)=\int_{-\infty}^{\infty}x^2\frac{1}{\sqrt{2\pi}}e^{-x^2/2}dx$$

$$=\frac{1}{\sqrt{2\pi}}\int_{-\infty}^{\infty}x(-e^{-x^2/2})'dx$$

$$=\frac{1}{\sqrt{2\pi}}\left\{[-xe^{-x^2/2}]_{-\infty}^{\infty}+\int_{-\infty}^{\infty}e^{-x^2/2}dx\right\}$$

$$=1.$$

$X\in N(\mu,\sigma^2)$ のとき，

$Z\equiv(X-\mu)/\sigma\in N(0,1)$。ゆえに

$$E(X)=E[\mu+\sigma Z]=\mu,$$

$$V(X)=V(\mu+\sigma Z)=\sigma^2V(Z)=\sigma^2.$$

例 6　（指数分布）

$$\int_0^{\infty}e^{-\lambda x}dx=\frac{1}{\lambda}$$

を λ で微分すると

$\int_0^{\infty}xe^{-\lambda x}dx=\frac{1}{\lambda^2}$。ゆえに，

$$E(X)=\int_0^{\infty}x\lambda e^{-\lambda x}dx=\frac{1}{\lambda}.$$

もう一度微分すると

$\int_0^{\infty}x^2e^{-\lambda x}dx=\frac{2}{\lambda^3}$。ゆえに，

$$E(X^2)=\frac{2}{\lambda^2},\quad V(X)=\frac{1}{\lambda^2}.$$

例 7　（Cauchy 分布）

$f(x)=1/\pi(1+x^2)$ を密度とする分布の平均は，絶対積分

$$\int_{-\infty}^{\infty}\frac{|x|}{1+x^2}dx$$

が発散するので存在しない。

例 8　（一様分布）

$\{X_n\}$ を成功の確率 p の無限 Bernoulli 列として

$$Z_n \equiv \frac{X_1}{2} + \frac{X_2}{2^2} + \cdots + \frac{X_n}{2^n}, \quad Z \equiv \sum_{k=1}^{\infty} \frac{X_k}{2^k}$$

とおく。$E(X_k)=p$ だから

$$E(Z_n)=\left(\frac{1}{2}+\frac{1}{2^2}+\cdots+\frac{1}{2^n}\right)p=\left(1-\frac{1}{2^n}\right)p.$$

$Z_n \uparrow Z$ より $E(Z)=\lim_n E(Z_n)=p$.

$$E(Z_n^2)=\left(\frac{p}{3}+\frac{2p^2}{3}\right)\left(1-\frac{1}{4^n}\right)-\frac{p^2}{2^{n-1}}\left(1-\frac{1}{2^n}\right).$$

ゆえに,

$$E(Z^2)=\lim_n E(Z_n^2)=\frac{p}{3}+\frac{2p^2}{3},$$

$$V(Z)=\frac{p-p^2}{3}.$$

$p=1/2$ のとき, Z の分布は $[0,1]$ 上の一様分布であったから(例 4 . 2), (17)を使えば

$$E(Z)=\int_0^1 x dx=1/2,$$

$$E(Z^2)=\int_0^1 x^2 dx=1/3,$$

$$V(Z)=1/12$$

となる。

練習問題　5

1 .

(1)　X の平均が μ, 分散が σ^2 (>0) のとき, その標準化 $Z=(X-\mu)/\sigma$ の平均と分散を求めよ。

(2)　X の分布が次の分布の場合, その標準化 Z の分布を求めよ。

(i)　区間 $[0, a]$ 上の一様分布

(ii)　パラメーター λ の指数分布

2．2個のサイコロを投げて，出た目の数をそれぞれ X，Y で表す．$|X-Y|$ の平均値と分散を求めよ．

3．X，Y は独立で，X の分布は二項分布 $B(n, p_1)$，Y の分布は $B(m, p_2)$ であるとする．$X+Y$ の分布が二項分布であるための必要十分条件は $p_1=p_2$ であることを証明せよ．

（ヒント．$X+Y$ の平均と分散を考えよ．）

4．任意の正数 ε に対して，不等式

$$P(|X|>\varepsilon)\leq\frac{1}{\varepsilon}E(|X|)$$

が成り立つことを証明せよ．

（ヒント．$|X|\geq\varepsilon I_A$，$A=\{|X|>\varepsilon\}$）

5．次を証明せよ．

(1)　$X\geq0$ のとき，$E(X)=0$ ならば $X=0$ である：$P(X=0)=1$．

(2)　X の分散が 0 ならば，X は定数である．

第6章

母　関　数

1．母　関　数

数列 $\{a_k\}_{k\geq 0}$ に対して，べき級数

(1) $$a_0+a_1s+a_2s^2+\cdots+a_ks^k+\cdots$$

を考えよう．ある $s_0\neq 0$ があって，$s=s_0$ のときこの級数が収束すれば，$|s|<|s_0|$ なるすべての点 s で絶対収束する．その和を $A(s)$ とすると，$A(s)$ は $|s|<|s_0|$ なる範囲で何回でも微分できて，導関数 $A'(s)$ はべき級数(1)を項別に微分した和のべき級数に等しく

(2) $$A'(s)=a_1+2a_2s+\cdots+ka_ks^{k-1}+\cdots \qquad (|s|<|s_0|)$$

とかける．したがって，上に述べたことから，A' の導関数は(2)式右辺の級数の項別微分の和に等しく

(3) $$A''(s)=2a_2+3\cdot 2a_3s+\cdots+k(k-1)a_ks^{k-2}+\cdots \qquad (|s|<|s_0|)$$

となる．この操作を何回も繰り返して，$A^{(k)}(0)$ を求めることにより

(4) $$a_k=\frac{A^{(k)}(0)}{k!},\quad k=0,1,2,\cdots \qquad (A^{(0)}\equiv A)$$

が得られる．この式は，関数 $A(s)$ から数列 $\{a_k\}$ が一意的に決まることを示す．この意味で $A(s)$ は $\{a_k\}$ の母関数（generating function）と呼ばれる．この節では，母関数の確率論への応用について述べよう．

以下に考える確率変数 X，Y，…の取りうる値は非負整数であるとする．X の分布を $\{p_k\}_{k\geq 0}$ とすると，

$$\sum_{k=0}^{\infty} p_k|s|^k\leq \sum_{k=0}^{\infty} p_k=1,\text{　ただし，}|s|\leq 1$$

であるから，べき級数 $\sum p_k s^k$ は $|s|\leqq 1$ ならば絶対収束する．その和を

(5)
$$G_X(s)\equiv\sum_{k=0}^{\infty}p_k s^k$$

とおいて，G_X を分布 $\{p_k\}$ または確率変数 X の（**確率**）**母関数**とよぶ．上式右辺は，確率変数 s^X の平均値を表す式であるから

(6)
$$G_X(s)=E(s^X)$$

とかける．

さて，(4)式から $\{p_k\}$ が G_X によって完全に決まるので，

(7)　**一意性定理**（母関数の）　X，Y の母関数が原点の近傍で一致すれば，X と Y の分布が一致する

ことがわかる．またXとYが独立ならば，s^X，s^Y が独立で

$$E(s^{X+Y})=E(s^X)E(s^Y)$$

が成り立つ．故に，(6)と合せると

(8)　X，Y が独立ならば，$G_{X+Y}(s)=G_X(s)G_Y(s)$

が成り立つ．このとき，X，Y，$X+Y$ の分布をそれぞれ $\{p_k\}$，$\{q_k\}$，$\{r_k\}$ として(8)式両辺の s^k の係数を比較すると

(9)
$$\begin{cases} r_0=p_0q_0,\quad r_1=p_0q_1+p_1q_0, \\ r_2=p_0q_2+p_1q_1+p_2q_0,\quad \cdots, \\ r_k=\sum_{j=0}^{k}p_jq_{k-j}\qquad (k\geqq 0) \end{cases}$$

が得られる（例3．6）．

次に母関数を使って分布のモーメントを求める方法を述べよう．いま，(5)式右辺のべき級数が $|s_0|>1$ なる点で収束しているとすると，$|s|<|s_0|$ なる範囲で

$$G_X'(s)=\sum_{k=1}^{\infty}kp_k s^{k-1},$$

$$G_X''(s)=\sum_{k=2}^{\infty}k(k-1)p_k s^{k-2}$$
$$=\sum_{k=2}^{\infty}k^2p_k s^{k-2}-\sum_{k=2}^{\infty}kp_k s^{k-2}$$

が成り立つので，$s=1$ とおくと

(10)
$$E(X)=G_X'(1),\quad E(X^2)=G_X''(1)+G_X'(1)$$

が得られる．したがって，分散を

(11) $$V(X)=E(X^2)-E(X)^2$$
$$=G_X''(1)+G_X'(1)-G_X'(1)^2$$

と表すことができる．(5)式の右辺が $|s|\leq 1$ でしか収束しないときでも，∞ をゆるすと，つねに

(12) $$E(X)=G_X'(1)=G_X'(1-) \qquad (\leq\infty)$$

が成り立つ．実際，$G_X'(s)\,(0<s<1)$ は増加関数で，$G_X'(s)\leq E(X)\,(\leq\infty)$ だから，$s\uparrow 1$ とすると $G_X'(1-)\leq E(X)$．ゆえに，$G_X'(1-)=\infty$ ならば $E(X)=\infty$ である．$E(X)<\infty$ ならば，べき級数 $G_X'(s)$ の係数の和が $E(X)=G_X'(1)$ になるので，（Abel の連続定理によって）$E(X)=G_X'(1-)$ となるからである．

例 1 （二項分布）

(13) $$G(s)=\sum_{k=0}^{n}{}_nC_k p^k q^{n-k}s^k=(ps+q)^n,$$

$$E(X)=G'(1)=np(ps+q)^{n-1}\Big|_{s=1}=np,$$

$$V(X)=G''(1)+G'(1)-G'(1)^2$$

$$=n(n-1)p^2(ps+q)^{n-2}\Big|_{s=1}+np-(np)^2$$

$$=npq.$$

例 2 （Poisson 分布）

(14) $$G(s)=\sum_{k=0}^{\infty}e^{-\lambda}\frac{\lambda^k}{k!}s^k=e^{-\lambda}e^{\lambda s}=e^{\lambda(s-1)},$$

$$G'(1)=\lambda,\quad G''(1)=\lambda^2,$$

$$E(X)=\lambda,\quad V(X)=\lambda.$$

X の分布がパラメーター λ の Poisson 分布であることを，$X\in P(\lambda)$ と表そう．

(15) X，Y が独立であるとき，$X\in P(\lambda)$，$Y\in P(\mu)$ ならば $X+Y\in P(\lambda+\mu)$ である．（例 3．6）

母関数を使って証明してみよう．(8)と(14)とから

$$G_{X+Y}(s)=G_X(s)G_Y(s)$$

$$=e^{\lambda(s-1)}\cdot e^{\mu(s-1)}=e^{(\lambda+\mu)(s-1)}.$$

この右辺の最後の式はパラメーターが $\lambda+\mu$ の Poisson 分布の母関数に他ならないから，一意性定理(7)によって，$X+Y\in P(\lambda+\mu)$ である。

(16) X，Y が独立であって，$X\in P(\lambda)$，$X+Y\in P(\mu)$ ならば，$Y\in P(\mu-\lambda)$ である．ただし，$Y\in P(0)$ は $P(Y=0)=1$ と解するものとする。

証明 $X\leq X+Y$ だから $\lambda=E(X)\leq E(X+Y)=\mu$ であることに注意しよう．仮定によって

$$e^{\lambda(s-1)}G_Y(s)=e^{\mu(s-1)},\quad G_Y(s)=e^{(\mu-\lambda)(s-1)}.$$

ゆえに，$\mu>\lambda$ ならば，一意性定理によって，$Y\in P(\mu-\lambda)$．$\mu=\lambda$ ならば，$G_Y(s)=1$．$q_0=1$，$q_k=0$ $(k\geq 1)$ なる分布 $\{q_k\}$ の母関数が定数 1 に等しいので，この場合も一意性定理によって $P(Y=0)=1$ が得られる。

(17) X，Y が独立で $X+Y\in P(\nu)$ ならば，$\lambda+\mu=\nu$ なる λ，$\mu\geq 0$ があって，$X\in P(\lambda)$，$Y\in P(\mu)$ である（Raikov の定理）.

証明 $|s|\geq 1$とすると

$$|G_X(s)|\leq E(|s|^X)\leq E(|s|^{X+Y})=e^{\nu(|s|-1)} \qquad \cdots\cdots①$$

だから，$G_X(s)$ を表すべき級数が任意の実数 s に対して収束するので，$G_X(s)$ は整関数 $G_X(z)$ に解析接続される．このとき，X，Y の独立性による関係式

$$G_X(s)G_Y(s)=e^{\nu(s-1)}$$

は s を複素変数 z でおきかえても成り立つので，$G_X(z)$ は零点を持たない．また①式で $s=z$ $(|z|\geq 1)$ としてもよい．故に Louville の定理によって $\log G_X(z)$ は高々 1 次式で，$G_X(z)$ は

$$G_X(z)=e^{az+b}$$

なる形である．$P(X=0)=e^{-\lambda}$ とおく．$G_X(0)=e^{-\lambda}$，$G_X(1)=1$ より $a=\lambda$，$b=-\lambda$．ゆえに $X\in P(\lambda)$．同様に，$Y\in P(\mu)$ $(\lambda+\mu=\nu)$ であることがわかる。

例 3 （幾何分布）

(18) $$G(s)=\sum_{k=0}^{\infty}pq^k\cdot s^k=\frac{p}{1-qs}\quad\left(|s|<\frac{1}{q}\right).$$

$$E(X)=q/p,\quad V(X)=q/p^2.$$

$T_1, T_2, \cdots, T_n$ が独立で同じ幾何分布をするとして，和 $T=T_1+\cdots+T_n$ の分布を求めよう．

$$G_T(s)=G_{T_1}(s)\cdots G_{T_n}(s)=\left(\frac{p}{1-qs}\right)^n=p^n(1-qs)^{-n}$$

$$=\sum_{k=0}^{\infty}\binom{-n}{k}(-q)^kp^ns^k.$$

ゆえに，

(19) $$P(T=k)=\binom{-n}{k}(-q)^kp^n$$

$$={}_{n+k-1}C_kp^nq^k,\quad (k\geq 0).$$

この分布は，p-Bernoulli 試行において，n 回成功するまでの失敗の回数の分布として例３．７で得られたもので，**負の二項分布**と呼ばれている．

例 4　**（複合分布）**　N，X_1，$\cdots$，X_n，$\cdots$ は独立で，X_1，X_2，$\cdots$ はすべて同じ分布をするものとする．ランダムな和

$$S_N=X_1+X_2+\cdots+X_N$$

（$N=0$ のとき，$S_N=0$ とおく）

の母関数 F は，N の母関数 G_N と X_k の母関数 G_X との合成関数である：

(20) $$F(s)=G_N(G_X(s)).$$

証明　$A_n=\{N=n\}$（$n\geq 0$）とおく．$\Omega=\sum_n A_n$ だから

$$\sum_n I_{A_n}=1.$$

ゆえに，A_n 上で $S_N=S_n$ で，I_{A_n} と S_n が独立であるから，

$$F(t)=E[t^{S_N}]=E[t^{S_N}\sum_{n=0}^{\infty}I_{A_n}]=\sum_n E[t^{S_N}I_{A_n}]$$

$$=\sum_n E[t^{S_n}I_{A_n}]=\sum_n E(t^{S_n})E(I_{A_n})$$

$$=\sum_n G_X(t)^n P(N=n)=G_N(G_X(t)).$$

$N\in P(\lambda)$，$\{X_k\}$ が p-Bernoulli 列の場合は，

$$G_N(s)=e^{\lambda(s-1)},\quad G_X(s)=ps+q,$$
$$G_N(G_X(s))=e^{\lambda(ps+q-1)}=e^{\lambda p(s-1)}$$

だから $S_N\in P(\lambda p)$ である．$N=$ 昆虫の産卵数，$X_k=1$（生まれた k 番目の卵が孵化したとき），$X_k=0$（孵化しなかったとき）としたものが，例２．２である．

２．ラプラス変換

必ずしも整数値を取らない非負の確率変数 X または $x\geqq 0$ の範囲にのみ分布する確率分布に対しては，母関数に代るものとして，ラプラス(Laplace)変換

(21)
$$L_X(s)=E(e^{-sX})$$

がよく使われる．

X の分布が $p_k=P(X=k)$ のとき，または密度があって $P(X\in dx)=f(x)dx$ となっているときは

(22)
$$L_X(s)=\begin{cases}\sum_{k=0}^{\infty}e^{-sk}p_k\\ \int_0^{\infty}e^{-sx}f(x)dx\end{cases}$$

である．X が離散的なはじめの場合は，その母関数を G_X とすると

(23)
$$L_X(s)=G_X(e^{-s})$$

となっているので，G_X の性質から L_X の性質がわかる．ここでは，X が密度をもつ場合について考えよう．

(24)　**一意性定理**（ラプラス変換の）　f，g をそれぞれ非負確率変数 X，Y の密度関数とする．すべての $s>0$ に対して $L_X(s)=L_Y(s)$ が成り立つならば（殆んど到るところ）$f(x)=g(x)$ である．

この事実は，ラプラス変換の**反転公式**の一つ

(25)　X の分布関数 F が点 x で連続ならば

$$\lim_{s\to\infty}\sum_{k\leqq sx}\frac{(-1)^k}{k!}s^kL_X^{(k)}(s)=F(x)$$

から導びかれる（例7．3を参照）．

母関数に対する性質(8)は，そのときと同じ理由で，L_X に対してもそのまま成り立つ：

(26)　X，Y が独立ならば $L_{X+Y}(s)=L_X(s)L_Y(s)$。

この関係式に対して，(9)の類似を考えると

(27)　X，Y がそれぞれ密度 f，g をもちかつ独立ならば，$X+Y$ は密度

$$h(x)=\int_0^x f(x-y)g(y)dy$$

をもつ

ことがわかる（(4．28) 式)。これを確かめるには，

$$\begin{aligned}L_{X+Y}(s)&=\int_0^\infty e^{-su}f(u)du\int_0^\infty e^{-sv}g(v)dv\\&=\int_0^\infty\int_0^\infty e^{-s(u+v)}f(u)g(v)dudv\\&=\int_0^\infty e^{-sx}dx\int_0^x f(x-y)g(y)dy\\&=\int_0^\infty e^{-sx}h(x)dx\end{aligned}$$

とかいて，一意性定理(24)を使えばよい。

次に，密度をもつ分布のモーメントについて考えよう．(22)式の両辺を s で k 回微分すると

$$L_X^{(k)}(s)=(-1)^k\int_0^\infty e^{-sx}x^kf(x)dx。$$

これから

(28)　$$E(X^k)\equiv\int_0^\infty x^kf(x)dx=(-1)^kL_X^{(k)}(0+)\qquad(\leq\infty)$$

が得られる。

例 5　（指数分布）

(29)　$$L(s)=\int_0^\infty e^{-sx}\lambda e^{-\lambda x}dx=\frac{\lambda}{\lambda+s},\qquad(s>-\lambda)$$

$$E(X)=-L'(0)=\left.\frac{\lambda}{(\lambda+s)^2}\right|_{s=0}=\frac{1}{\lambda},$$

$$E(X^2)=L''(0)=\left.\frac{2\lambda}{(\lambda+s)^3}\right|_{s=0}=\frac{2}{\lambda^2},$$

$$V(X)=\frac{1}{\lambda^2}.$$

この例では，$L(s)$ のマクローリン展開を考えると

$$\begin{aligned}L(s)&=\sum_{k=0}^{\infty}\frac{1}{k!}L^{(k)}(0)s^k\\&=\left(1+\frac{s}{\lambda}\right)^{-1}\\&=\sum_{k=0}^{\infty}(-1)^k\left(\frac{s}{\lambda}\right)^k\qquad(|s|<\lambda)\end{aligned}$$

となるので

$$E(X^k)=\frac{k!}{\lambda^k},\quad k=0,1,2,\cdots \tag{30}$$

が得られる．

例 6　(一様分布)

X が $(0,a)$ 上に一様分布をするとき，

$$\begin{aligned}L(s)&=\int_0^a e^{-sx}\frac{1}{a}dx=(1-e^{-sa})/as\\&=1-\frac{a}{2!}s+\frac{a^2}{3!}s^2-\cdots+(-1)^{k-1}\frac{a^{k-1}}{k!}s^{k-1}+\cdots\end{aligned} \tag{31}$$

から

$$E(X^k)=a^k/(k+1),\quad k=0,1,2,\cdots. \tag{32}$$

さて，$(0,1)$ 上の一様分布の場合，

$$L(s)=\frac{1}{s}(1-e^{-s})=\frac{2}{s}e^{-s/2}\sinh\left(\frac{s}{2}\right) \tag{33}$$

とかけることを使って，一つの公式

$$\prod_{k=1}^{\infty}\cosh\frac{s}{2^k}=\frac{\sinh s}{s},\quad(-\infty<s<\infty) \tag{34}$$

を導びいてみよう．ただし，

$$\cosh x\equiv\frac{1}{2}(e^x+e^{-x})\quad(\text{双曲線余弦関数}),$$

$$\sinh x \equiv \frac{1}{2}(e^x - e^{-x}) \quad (\text{双曲線正弦関数}).$$

$\{X_k\}$ を対称な Bernoulli 列（独立で，$P(X_k=0)=P(X_k=1)=1/2$）として

$$Z_n \equiv \sum_{k=1}^{n} X_k/2^k, \quad Z \equiv \sum_{k=1}^{\infty} X_k/2^k$$

とおく。

$$E[e^{-sX_k/2^k}] = \frac{1}{2}(e^{-s/2^k}+1)$$
$$= e^{-s/2^{k+1}} \cosh(s/2^{k+1})$$

だから

$$E[e^{-sZ_n}] = \prod_{k=1}^{n} E[e^{-sX_k/2^k}]$$
$$= \prod_{k=1}^{n} e^{-s/2^{k+1}} \cosh(s/2^{k+1})$$
$$= e^{-s(1/2-1/2^{n+1})} \prod_{k=1}^{n} \cosh(s/2^{k+1}).$$

$Z_n \uparrow Z$ $(n\to\infty)$ だから

$$E[e^{-sZ}] = \lim_{n\to\infty} E[e^{-sZ_n}] = e^{-s/2} \prod_{k=1}^{\infty} \cosh\frac{s}{2^{k+1}}.$$

一方，Z の分布が$(0, 1)$上の一様分布であることは既に知っている（例4．2）ので，上式と(33)式から

$$\prod_{k=1}^{\infty} \cosh\frac{s}{2^{k+1}} = \frac{2}{s}\sinh\frac{s}{2}$$

が得られる。ここで，s を $2s$ におきかえると，(34)式が成り立つことがわかる。

3．モーメント母関数

確率変数 X の取る値，分布の拡がりの範囲には，これまでのように制限をつけないで考えよう。s^X，e^{-sX} と類似に，今度は e^{sX} の平均値を

(35)
$$M_X(s) \equiv E(e^{sX}) (\le \infty), \quad s \in \boldsymbol{R}$$

とおいて，これを**モーメント母関数**とよぶ．分布が密度 f をもつときは

(36) $$M_X(s)=\int_{-\infty}^{\infty}e^{sx}f(x)dx$$

である．この右辺の積分は，$|x|\to\infty$ のとき，$f(x)$ が十分速く 0 に収束しなければ存在しない．しかし，ある制限された分布のクラスに対しては，母関数 G_X，ラプラス変換 L_X 等に類似の性質があって，分布の性質をしらべるのに有効な手段を与えてくれる．

両側ラプラス変換の結果によれば，次の定理が成り立つ．

$M_X(s)$ が $|s|<\delta$ に対して有限ならば，

(37) $$M_X(s)=\sum_{k=0}^{\infty}\frac{1}{k!}M_X^{(k)}(0)s^k,\quad |s|<\delta$$

(38) $$E(X^k)=M_X^{(k)}(0)$$

が成り立つ．

(39) **一意性定理**（モーメント母関数の）　$M_X(s)$，$M_Y(s)$ が $|s|<\delta$ で存在して一致すれば，X と Y の分布が一致する．

例 7

1）指数分布．

$$M_X(s)=\int_0^{\infty}e^{sx}\lambda e^{-\lambda x}dx=\begin{cases}\dfrac{\lambda}{\lambda-s}, & s<\lambda\\ \infty, & s\geqq\lambda.\end{cases}$$

原点を含む区間 $(-\infty,\lambda)$ で M_X が存在するので，(37)，(38)を使って k 次モーメントを計算することができる．

2）Cauchy 分布．

$$M_X(s)=\int_{-\infty}^{\infty}e^{sx}\frac{1}{\pi}\frac{1}{1+x^2}dx=\begin{cases}1, & s=0\\ \infty, & s\neq 0.\end{cases}$$

例 8　（正規分布）

$X\in N(\mu,\sigma^2)$ とする．

(40) $$M_X(s)=\frac{1}{\sqrt{2\pi}\,\sigma}\int_{-\infty}^{\infty}e^{sx}e^{-(x-\mu)^2/2\sigma^2}dx$$

$$=e^{\mu s+\sigma^2s^2/2}\frac{1}{\sqrt{2\pi}}\int_{-\infty}^{\infty}e^{-(t-s\sigma)^2/2}dt,\quad x=\mu+\sigma t,$$

$=e^{\mu s+\sigma^2 s^2/2},\quad -\infty<s<\infty.$

これと一意性定理とから次の二つが直ちにわかる.

(41) $\qquad X\in N(\mu,\sigma^2),\ a\neq 0 \Longrightarrow aX+b\in N(a\mu+b, a^2\sigma^2).$

(42) $X\in N(\mu,\sigma^2),\ Y\in N(\nu,\tau^2)$ が独立ならば, $X+Y\in N(\mu+\nu,\sigma^2+\tau^2)$.

例えば, (42)は

$$M_{X+Y}(s)=E(e^{sX}e^{sY})=E(e^{sX})E(e^{sY})$$
$$=e^{(\mu+\nu)s+(\sigma^2+\tau^2)s^2/2}$$

からでる.

最後に, X の平均値 μ のまわりの k 次モーメントを求めておこう. $X-\mu\in N(0,\sigma^2)$ だから, (37), (38)と(40)により

$$E[e^{s(X-\mu)}]=\sum_{k=0}^{\infty}\frac{1}{k!}E[(X-\mu)^k]s^k=e^{\sigma^2 s^2/2}$$
$$=\sum_{k=0}^{\infty}\frac{1}{k!}\left(\frac{\sigma^2}{2}\right)^k s^{2k}.$$

ゆえに, 奇数次のモーメントは0で, 偶数次のものは

(43) $\qquad E[(X-\mu)^{2k}]=1\cdot3\cdot5\cdot\cdots\cdot(2k-1)\sigma^{2k},\quad k=1,2,\cdots$

である.

練習問題 6

1. X の分布 $\{p_k\}_{k\geq 0}$ の母関数を $P(s)$ とし, 数列

$$q_k=p_{k+1}+p_{k+2}+\cdots\cdots \qquad (k=0,1,2,\cdots)$$

の母関数を $Q(s)$ とする. 次を証明せよ.

(1) $Q(s)=\dfrac{1-P(s)}{1-s}$

(2) $E(X)=Q(1)$

$V(X)=2Q'(1)+Q(1)-Q(1)^2$

2. 3人でじゃんけんをして, n 回目に1人が勝ち残ったら $X=n$ とおいて確率変数 X を定義する.

(1) X の母関数と平均値を求めよ．

(2) n 回迄には終らない確率 $P(X>n)$ を求めよ．

3．値が非負整数で独立同分布をする無限列 $X_1, X_2, \cdots$ のランダムな和 $S_N = X_1 + X_2 + \cdots + X_N$ の平均値は，

$$E(S_N) = E(X_1)E(N)$$

で与えられることを示せ．

4．サイコロを投げて出た目の数だけ硬貨を投げるとき，表のでる回数 X の分布と平均値とを求めよ．

5．$X_1, X_2, \cdots, X_n$ は独立で，X_k の分布は正規分布 $N(\mu_k, \sigma_k^2)$ であるとする．1次結合 $X = a_1X_1 + a_2X_2 + \cdots + a_nX_n$ の分布は

$$N(a_1\mu_1 + a_2\mu_2 + \cdots + a_n\mu_n,\ a_1^2\sigma_1^2 + a_2^2\sigma_2^2 + \cdots + a_n^2\sigma_n^2)$$

であることを示せ．

(ヒント．モーメント母関数)

第７章

大数の法則

１．Chebyshev の不等式と大数の弱法則

A をある試行に関係した事象とし，この試行を n 回繰り返したとき A が起った回数を $n(A)$ とする．相対頻度 $n(A)/n$ は n が大きくなるとある一定の値 p の近くにある，ラフに言うと

$$(*)\qquad \lim_{n\to\infty}\frac{n(A)}{n}=p$$

が成り立つという経験的法則がある．この章では，この経験則としての大数の法則について考えてみよう．

はじめに，確率論でよく使われる次の不等式を用意する．

確率変数 Z の２次モーメント $E(Z^2)$ が有限ならば，任意の $\varepsilon>0$ に対して

$$(1)\qquad P(|Z|>\varepsilon)\leq\frac{1}{\varepsilon^2}E(Z^2)$$

(Chebyshev の不等式)

が成り立つ．

実際，$A\equiv\{|Z|>\varepsilon\}$ とおくと，$Z^2\geq Z^2I_A\geq\varepsilon^2I_A$ だから

$$E(Z^2)\geq E(\varepsilon^2I_A)=\varepsilon^2P(A)$$

となるからである．

確率変数 X の分散 $\sigma^2=E[(X-\mu)^2]$ $(\mu=E(X))$ が有限ならば，(1) で $Z=X-\mu$ とおくと

$$(2)\qquad P(|X-\mu|>\varepsilon)\leq\frac{\sigma^2}{\varepsilon^2}$$

となる．$\{|X-\mu|>\varepsilon\}$ の余事象を考えれば，(2)と同値な不等式

$$P(|X-\mu|\le\varepsilon)\ge 1-\frac{\sigma^2}{\varepsilon^2} \tag{3}$$

が得られる．

例 1　不等式(3)で $\varepsilon=k\sigma$ とおくと

$$P(|X-\mu|\le k\sigma)\ge 1-\frac{1}{k^2} \tag{4}$$

となる．この不等式で，例えば，$k=3$ とおいてみると，$P(|X-\mu|\le 3\sigma)\ge 8/9$ だから，X がその平均値 μ から 3σ 以内のところに観測される確率は略 90 %以上になる．X が正規分布 $N(\mu,\sigma^2)$ に従うとき，この確率を正規分布表から求めると約 0.9973 になる．

さて，大数の法則には弱法則，強法則と呼ばれている二つのものがあるが，はじめに弱法則について述べよう．

定理（大数の弱法則）　$X_1, X_2, \cdots, X_n$ を独立同分布をする確率変数とする．分散 $\sigma^2=V(X_k)$ が有限ならば，任意の $\varepsilon>0$ に対して

$$\lim_{n\to\infty}P\left(\left|\frac{X_1+X_2+\cdots+X_n}{n}-\mu\right|\le\varepsilon\right)=1,\quad \mu=E(X_k) \tag{5}$$

が成り立つ．

証明　$Z_n\equiv(X_1+X_2+\cdots+X_n)/n$ とおくと，

$$E(Z_n)=\frac{1}{n}[E(X_1)+E(X_2)+\cdots+E(X_n)]$$
$$=\mu,$$
$$V(Z_n)=\frac{1}{n^2}[V(X_1)+V(X_2)+\cdots+V(X_n)]$$
$$=\frac{\sigma^2}{n}.$$

ゆえに，(3)によって

$$1-\frac{\sigma^2}{n\varepsilon^2}\le P\left(\left|\frac{X_1+X_2+\cdots+X_n}{n}-\mu\right|\le\varepsilon\right)\qquad(\le 1) \tag{6}$$

となるので，$n\to\infty$ とすれば(5)が得られる．

確率変数列 Z_n と Z とがあって

$$\forall\,\varepsilon>0 \text{ に対して，} \lim_{n\to\infty}P(|Z_n-Z|\le\varepsilon)=1$$

が成り立つとき，Z_n が Z に**確率収束** (convergence in probability) するといい，このことを

$$Z_n \to Z \text{ (in prob.)}, \quad p\text{-}\lim_{n\to\infty} Z_n = Z$$

で表す。この記法で弱法則を表すと

$$\frac{X_1+X_2+\cdots+X_n}{n} \to \mu \text{ (in prob.)} \tag{5$'$}$$

とかける。

2次モーメントが有限な確率変数 U, V に対して

$$(U, V) \equiv E(UV),$$

$$\|U\| \equiv \sqrt{(U, U)} = \sqrt{E(U^2)} \qquad \text{（2乗平均ノルム）}$$

とおく。Schwarz の不等式によって

$$|(U, V)| = |E(UV)| \le \sqrt{E(U^2)}\sqrt{E(V^2)} = \|U\|\|V\|$$

だから

$$\|U+V\|^2 = E[(U+V)^2] \le \|U\|^2 + 2\|U\|\|V\| + \|V\|^2 \le (\|U\| + \|V\|)^2,$$

$$\|U+V\| \le \|U\| + \|V\|$$

となり，和 $U+V$ の2次モーメントも有限である。さて，Z, Z_n ($n \ge 1$) の2次モーメントが有限であって

$$\lim_{n\to\infty} \|Z_n - Z\| = 0$$

が成り立つとき，Z_n が Z に**2乗平均収束**するという。

Chebyshev の不等式(1)から

$$P(|Z_n - Z| \le \varepsilon) \ge 1 - \frac{1}{\varepsilon^2}\|Z_n - Z\|^2$$

となるので，$n\to\infty$ のとき

$$Z_n \to Z \text{（2乗平均収束）} \Rightarrow Z_n \to Z \text{（確率収束）}$$

が成り立つ。弱法則はその証明からわかるように，$Z_n = (X_1 + \cdots + X_n)/n$ が $Z = \mu$ に2乗平均収束することの帰結である。

例2　$\{X_k\}$ が p-Bernoulli 列の場合は，$\mu = E(X_k) = p$ だから，弱法則(5)$'$ によって

$$\frac{X_1+X_2+\cdots+X_n}{n}\to p\ \ (n\to\infty)\ \ (\text{in prob.})$$

が成り立つ．冒頭に挙げた式(＊)については，

$$X_k=\begin{cases}1, & k\text{ 回目の試行で }A\text{ が起きたとき}\\ 0, & k\text{ 回目の試行で }A\text{ が起きなかったとき}\end{cases}$$

とおくと，$n(A)=X_1+\cdots+X_n$ とかけるので

$$\frac{n(A)}{n}\to P(A)\ \ (n\to\infty)\ \ (\text{in prob.})$$

であるということができる．

Bernoulli 列 $\{X_k\}$ に対しては，$\sigma^2=V(X_k)=pq$ だから(6)式は

$$P\left(\left|\frac{X_1+X_2+\cdots+X_n}{n}-p\right|\leq\varepsilon\right)\geq 1-\frac{pq}{n\varepsilon^2}$$

となる．いま，1より小さい正数 δ を与えて上式左辺が $1-\delta$ 以上になる n を求めるため，不等式 $1-pq/n\varepsilon^2\geq 1-\delta$ を解くと

$$n\geq\frac{pq}{\delta\varepsilon^2}$$

となる．$\{X_k\}$ をサイコロを繰り返し投げる試行で，$X_k=1$（k 回目が1の目）として得られた Bernoulli 列としよう．$\varepsilon=0.01$，$\delta=0.1$ ととると，$p=1/6$，$q=5/6$ だから

$$n\geq\frac{5}{36}\times 10^5\fallingdotseq 13888.9$$

となる．この不等式は，サイコロを n 回投げて1の目のでる相対頻度 n_1/n を求めるとき，100回の実験の中90回位は $|n_1/n-1/6|\leq 0.01$ となるような結果を得たければ最低でも $n=13889$ 回は投げてみよといっている．

例3　反転公式（ラプラス変換の）

X を非負確率変数，$F(x)$ を X の分布関数とする．分布のラプラス変換を

$$L(s)\equiv E(e^{-sX})=\int_0^\infty e^{-sx}dF(x) \tag{7}$$

$$
=\begin{cases} \sum_k e^{-sa_k} p_k, \quad P(X=a_k)=p_k \qquad (k\geq 1) \\ \qquad\qquad\qquad\qquad\qquad\qquad\qquad のとき \\ \int_0^\infty e^{-sx} f(x)dx, \quad P(X\in dx)=f(x)dx \\ \qquad\qquad\qquad\qquad\qquad\qquad\qquad のとき \end{cases}
$$

とおくと，次が成り立つ。

$F(x)$ が点 a で連続ならば

(8) $$F(a)=\lim_{s\to\infty}\sum_{k\leq sa}\frac{(-1)^k}{k!}s^k L^{(k)}(s).$$

証明

step 1．$a, x>0$ に対して

(9) $$\lim_{s\to\infty} e^{-sx}\sum_{k\leq sa}\frac{(sx)^k}{k!}=\begin{cases} 1, x<a \text{ のとき} \\ 0, x>a \text{ のとき} \end{cases}$$

が成り立つ。

その証明．Z をパラメーター sx の Poisson 確率変数とすると

(10) $$P(Z\leq sa)=e^{-sx}\sum_{k\leq sa}\frac{(sx)^k}{k!}.$$

$x<a$ のとき．$E(Z)=V(Z)=sx$ だから，不等式(3)によって

$$
\begin{aligned}
P(Z\leq sa)&=P(Z-sx\leq s(a-x)) \\
&\geq P(|Z-sx|\leq s(a-x)) \\
&\geq 1-\frac{x}{s(a-x)^2}
\end{aligned}
$$

となる．ゆえに，$P(Z\leq sa)\to 1(s\to\infty)$．したがって，(10)から(9)がでる。

$x>a$ のとき．不等式(2)によって

$$
\begin{aligned}
P(Z\leq sa)&=P(sx-Z\geq s(x-a)) \\
&\leq P(|Z-sx|\geq s(x-a)) \\
&\leq \frac{x}{s(x-a)^2}\to 0 \quad (s\to\infty).
\end{aligned}
$$

ゆえに，(10)から(9)が得られる。

step 2．(7)式を s で k 回微分すると

$$L^{(k)}(s)=(-1)^k\int_0^\infty e^{-sx}x^k dF(x).$$

ゆえに，

$$\lim_{s\to\infty}\sum_{k\le sa}\frac{(-1)^k}{k!}s^k L^{(k)}(s)=\lim_{s\to\infty}\int_0^\infty e^{-sx}\sum_{k\le sa}\frac{(sx)^k}{k!}dF(x)^{(*)}.$$

$F(x)$ が離散的で $F(x)=\sum_{a_j\le x}p_j$ のとき，$a\ (>0)$ が $F(x)$ の連続点ならば，$a_j\neq a\ (\forall j)$ であるから(9)によって

$$上式(*)=\lim_{s\to\infty}\left\{\sum_{a_j<a}\left[e^{-sa_j}\sum_{k\le sa}\frac{(sa_j)^k}{k!}\right]p_j+\sum_{a_j>a}\left[e^{-sa_j}\sum_{k\le sa}\frac{(sa_j)^k}{k!}\right]p_j\right\}$$
$$=\sum_{a_j<a}p_j=F(a).$$

$F(x)=\int_0^x f(t)dt$ ならば $F(x)$ は到るところ連続で

$$上式(*)=\lim_{s\to\infty}\left\{\int_{[0,a)}\left[e^{-sx}\sum_{k\le sa}\frac{(sx)^k}{k!}\right]f(x)dx\right.$$
$$\left.+\int_{(a,\infty)}\left[e^{-sx}\sum_{k\le sa}\frac{(sx)^k}{k!}\right]f(x)dx\right\}$$
$$=\int_o^a f(x)dx=F(a)$$

となる。

X が非負だから，$a<0$ ならば $F(a)=0$．また $k\le sa$ なる非負整数 k にわたる(8)式右辺の和も 0 になるので $a<0$ ならば(8)が成り立つ．最後に，$F(x)$ が原点で連続としよう．$A=\{X=0\}$ とおくと，$X\ge 0$ より $A^c=\{X>0\}$ だから

$$E(e^{-sX}I_A)=E[I_A]=P(A),\qquad (A\ 上で\ X=0)$$
$$\lim_{s\to\infty}E[e^{-sX}I_{A^c}]=E[\lim_{s\to\infty}e^{-sX}\cdot I_{A^c}]=0\qquad (A^c\ 上で\ X>0)$$

となるので，$a=0$ のとき，

$$(8)式右辺=\lim_{s\to\infty}L(s)=\lim_{s\to\infty}E(e^{-sX})$$
$$=\lim_{s\to\infty}[E(e^{-sX}I_A)+E(e^{-sX}I_{A^c})]$$
$$=P(X=0)=\Delta F(0).$$

$F(x)$ が $x=0$ で連続で $F(x)=0\ (x<0)$ であるから

$$F(0)=F(0-)=0,\quad \Delta F(0)\equiv F(0)-F(0-)=0.$$

したがって，$a=0$ のときも(8)が成り立つ。

補足

1）上の証明では分布 $F(x)$ を離散型か絶対連続型としたが，$[0,\infty)$ 上の任意の分布に対して(8)が成り立つ。

2）ラプラス変換の一意性(定理6.24)。

非負確率変数 X, Y の分布 F_X, F_Y のラプラス変換を $L_X(s), L_Y(s)$ とする。

$L_X(s)=L_Y(s)$ $(\forall s>0)$ ならば $F_X(x)=F_Y(x)$ $(\forall x\in\boldsymbol{R})$.

何となれば，a が F_X，F_Y に共通な連続点ならば，反転公式(8)によって $F_X(a)=F_Y(a)$。増加関数 F_X, F_Y の不連続点は高々可算個しかないから，任意の x に対して，共通の連続点の列 a_n で $a_n\downarrow x$ となるものがとれる。ゆえに，分布関数が右連続なことから

$$F_X(x)=\lim_n F_X(a_n)=\lim_n F_Y(a_n)=F_Y(x)$$

である。

2．大数の強法則

大数の弱法則は，算術平均 $(X_1+\cdots+X_n)/n$ が平均値 μ の近くにある確率が n が大きくなると1に近づくことを示しているが，任意の標本点 ω ごとに

$$\lim_{n\to\infty}\frac{X_1(\omega)+\cdots+X_n(\omega)}{n}=\mu \tag{11}$$

が成り立つことは主張していない。$\{X_k\}$ が p-Bernoulli 列のとき，$X_k(\omega')=1(\forall k)$ となる ω'，$X_k(\omega'')=0$ $(\forall k)$ となる ω'' 等の標本点が在り得るので，一般には上式は成り立たない。しかし，

$$P(X_k=1, \forall k\geq 1)=\prod_{k=1}^{\infty} p=0,$$

$$P(X_k=0, \forall k\geq 1)=\prod_{k=1}^{\infty} q=0$$

だから，上のような標本点 ω'，ω''，…を無視することによって(11)が成り立つかどうかを考えてみよう。以下に述べるように答えは yes であ

る．

事象 N の生起確率が 0 になるとき，N を**零事象**とか（確率測度 P に関して）**無視可能**である等という．零集合を除いた残りの任意の標本点である性質が成り立つとき，**殆ど確実に**（almost surely, a.s.）又は**殆ど到るところ**（almost everywhere, a.e.）成り立つという．例えば，

$X\geq 0$ (a.s.)$\Leftrightarrow \exists N, P(N)=0$ かつ $\omega\notin N$

$\Rightarrow X(\omega)\geq 0 \Leftrightarrow \exists \Omega_1,\ P(\Omega_1)=1$ かつ $\omega\in\Omega_1$

$\Rightarrow X(\omega)\geq 0$　　($\Omega_1=N^c$ ととれる)．

$\lim_n X_n=X$(a.s.)$\Leftrightarrow \exists \Omega_2,\ P(\Omega_2)=1$ かつ $\omega\in\Omega_2$ ならば

$$\lim_n X_n(\omega)=X(\omega).$$

$X_n\to X$ $(n\to\infty)$ (a.s.) のとき，X_n は X に**概収束**するという．

定理　**（大数の強法則）**　$\{X_k\}$ を独立同分布をする確率変数列とする．平均値 $\mu=E(X_k)$ が存在すれば

$$\lim_{n\to\infty}\frac{X_1+X_2+\cdots+X_n}{n}=\mu \text{ (a.s.)} \tag{12}$$

が成り立つ．

証明等の詳細は文献［3］を参照．ここでは次を証明する．

定理　$\{X_k\}$ を独立確率変数列とする（同分布であることは仮定しない）．正数 K があって

(13)　$E(X_k)=\mu,\ E(X_k^4)\leq K$　　$(k\geq 1)$

ならば

$$\lim_{n\to\infty}\frac{X_1+X_2+\cdots+X_n}{n}=\mu \text{ (a.s.)} \tag{14}$$

である．

証明　$S_n\equiv X_1+\cdots+X_n$ とおく．はじめ，$\mu=0$ として証明を行う．方針：$\sum S_n^4/n^4<\infty$ (a.s.)，すなわち

(15)　$\exists \Omega_0,\ P(\Omega_0)=1$ かつ

$$\omega\in\Omega_0\Rightarrow\sum_{n=1}^{\infty}\frac{S_n^4(\omega)}{n^4}<\infty$$

が成り立つことを示し，収束する級数の第 n 項が 0 に収束することか

ら

$$\lim_{n\to\infty}\frac{S_n(\omega)}{n}=0 \qquad (\forall\,\omega\in\Omega_0)$$

を導く．

多項定理

$$(a_1+\cdots+a_n)^m=\sum\frac{m!}{p_1!\cdots p_n!}a_1^{p_1}\cdots a_n^{p_n}$$

ただし，和 $\sum$ は $p_1+\cdots+p_n=m$ なる非負整数 $p_1, \cdots, p_n$ にわたってとる，

によって

$$E(S_n^4)=\sum\frac{4!}{p_1!\cdots p_n!}E(X_1^{p_1}\cdots X_n^{p_n}).$$

$\{X_k\}$ が独立で $E(X_k)=0$ であるから，右辺の平均値は $p_k=1$ なる因数があれば 0 になるので

$$E(S_n^4)=\sum_{k=1}^{n}E(X_k^4)+6\sum_{1\le i<j\le n}E(X_i^2X_j^2).$$

Schwarz の不等式と仮定(13)によって

$$E(X_i^2X_j^2)\le\sqrt{E(X_i^4)}\sqrt{E(X_j^4)}\le K$$

だから

$$E(S_n^4)\le nK+6\sum_{1\le i<j\le n}K=nK+3n(n-1)K\le 3Kn^2.$$

ゆえに，

$$E\left[\sum_{n=1}^{\infty}\frac{S_n^4}{n^4}\right]=\sum_{n=1}^{\infty}E\left[\frac{S_n^4}{n^4}\right]\le 3K\sum_{n=1}^{\infty}\frac{1}{n^2}<\infty.$$

ここで，

$$Z(\omega)\equiv\sum_{n=1}^{\infty}\frac{S_n^4(\omega)}{n^4}\ (\le\infty),\quad \Omega_0=\{\omega|Z(\omega)<\infty\},$$

$$N=\Omega_0^c$$

とおく．$P(N)>0$ ならば，

$$E(Z)\ge E[ZI_N]=\infty\times P(N)=\infty$$

となり上の結果 $E(Z)<\infty$ に反する．したがって，$P(\Omega_0)=1$ であり(15)が成り立つ．

$\mu \neq 0$ のとき．$Y_k = X_k - \mu$ とおくと，不等式

$$(a+b)^4 \leq 8(a^4+b^4)$$

より

$$E(Y_k^4) \leq 8E(X_k^4+\mu^4) \leq 8(K+\mu^4)$$

となるので，すでに証明したことから $(Y_1+\cdots+Y_n)/n \to 0$ (a.s.)．したがって，

$$\frac{X_1+\cdots+X_n}{n} = \mu + \frac{Y_1+\cdots+Y_n}{n} \to \mu \text{ (a.s.)}.$$

注意　概収束すれば確率収束する：

$$X_n \to X \text{(a.s.)} \Rightarrow X_n \to X \text{ (in prob.)}$$

が成り立つので，強法則は弱法則より〝強い〞法則である．

例 4　$\{X_k\}$ が p-Bernoulli 列ならば，$E(X_k)=p$．また $0 \leq X_k \leq 1$ より $E(X_k^4) \leq 1$ だから

$$\frac{X_1+\cdots+X_n}{n} \to p \qquad (n \to \infty) \text{ (a.s.)}. \tag{16}$$

これは，例 2 と比較して満足できる結果といえる．

例 5　**（定積分の計算）**　f を $0 \leq f(x) \leq b$ $(0 \leq x \leq a)$ なる関数とする．長方形 $R = [0, a] \times [0, b]$ 内にランダムに点 $P_1, \cdots, P_n$ を取り，領域 $D \equiv \{(x, y) | 0 \leq x \leq a, 0 \leq y \leq f(x)\}$ 内にあるものの個数 $N_n(D)$ を数える．$X_k = 1$ ($P_k \in D$ のとき)，$X_k = 0$ ($P_k \notin D$ のとき) とおくと，$\{X_k\}$ は Bernoulli 列で

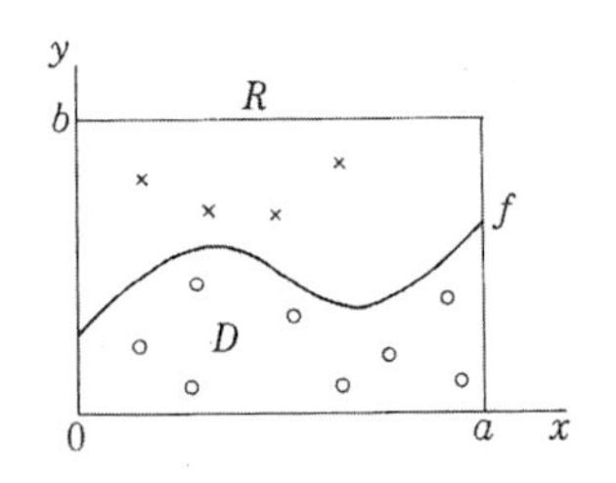

$$N_n(D) = X_1 + \cdots + X_n,$$

$$p = E(X_k) = \frac{|D|}{|R|} = \frac{1}{ab}\int_0^a f(x)dx$$

だから，(16)により，

$$\lim_n \frac{N_n(D)}{n} = \frac{1}{ab}\int_0^a f(x)dx \text{ (a.s.)} \tag{17}$$

が成り立つ．$\{P_k\}$ に対して，$[0, a]$ 上に密度 $p(x)$ をもって分布する独立確率変数列 $\{Z_k\}$ を考えよう．

$$E\left[\frac{f(Z_k)}{p(Z_k)}\right]=\int_0^a \frac{f(x)}{p(x)}\cdot p(x)dx=\int_0^a f(x)dx$$

だから強法則によって

$$\lim_{n\to\infty}\frac{1}{n}\sum_{k=1}^{n}\frac{f(Z_k)}{p(Z_k)}=\int_0^a f(x)dx \quad \text{(a.s.)}。 \tag{18}$$

$p(x)$ として $[0, a]$ 上の一様分布密度 $p(x)=1/a$ $(0\leq x\leq a)$ を選べば，(18)は

$$\lim_{n\to\infty}\frac{a}{n}\sum_{k=1}^{n} f(Z_k)=\int_0^a f(x)dx \ \text{(a.s.)} \tag{19}$$

となる。

例6　**(大きな偏差)**　$\{X_k\}$ を p-Bernoulli 列とし，$S_n=X_1+\cdots+X_n$ とおく。p が閉区間 $[a,\ b]$ の外にあれば，(16)から

$$\lim_{n\to\infty}P\left(a\leq\frac{S_n}{n}\leq b\right)=0$$

となるが，左辺が 0 に収束する速さが評価できて

$$P\left(a\leq\frac{S_n}{n}\leq b\right)\sim\exp\left[-n\inf_{a\leq x\leq b}I(x)\right] \qquad (n\to\infty) \tag{20}$$

が成り立つ。ここで，$I(x)$ は

$$I(x)=\begin{cases} x\log\dfrac{x}{p}+(1-x)\log\dfrac{1-x}{q}, \\ \hfill 0\leq x\leq 1 \\ \infty, \qquad その他の\ x \end{cases} \tag{21}$$

$(0\cdot\log 0=0$ とおく$)$

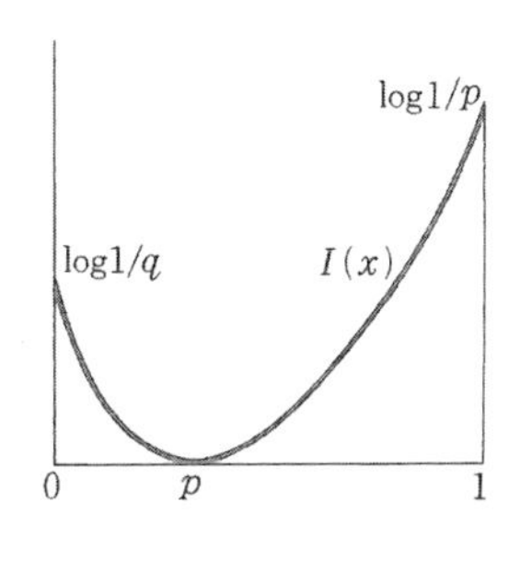

で定義される凸関数で，$p\notin[a, b]$ ならば，$\inf\{I(x)|a\leq x\leq b\}>0$ であることに注意しよう。

(20)は，区間 $[a,\ b]$ が点 p を含むか否かに関係なく

$$\lim_{n\to\infty}\frac{1}{n}\log P\left(a\leq\frac{S_n}{n}\leq b\right)=-\inf_{a\leq x\leq b}I(x) \tag{22}$$

が成り立つことから導かれる。(付録4，練習問題7.5を参照)

練習問題　7

1．表のでる確率が $p(0<p<1)$ の硬貨を何回も投げるとき，n 回目迄に表のでる回数を H_n，裏のでる回数を T_n で表す．

(1) $\lim_n H_n=\infty$，$\lim_n T_n=\infty$ であることを示せ．

(2) $\lim_n \dfrac{H_n}{T_n}$ を求めよ．

(3) 任意の正数 ε に対して

$$\lim_n P\left(p-q-\varepsilon<\frac{H_n-T_n}{n}<p-q+\varepsilon\right)=1 \qquad (q=1-p)$$

であることを示せ．

2．R を正方形：$R=[0,1]\times[0,1]$ とし，D を R 内の四分円：$D=\{(x,y)\in R|x^2+y^2\leq 1\}$ とする．R 内にランダムに取った n 個の点の中，D 内にあるものを $n(D)$ 個として，$\lim_n n(D)/n$ を求めよ．

3．$X_1, X_2, \cdots, X_n, \cdots$ は独立で，どれも同じ分布に従い，分布の平均は μ，分散は σ^2 であるとする．はじめの n 個 $X_1, \cdots, X_n$ から 2 つを選んでつくった距離の平方和を

$$D_n\equiv\sum_{i<j\leq n}(X_i-X_j)^2$$

とおく．$\lim_n D_n/n^2$ を求めよ．

（ヒント．$D_n=n\sum X_i^2-(\sum X_i)^2$）

4．$X_1, \cdots, X_n$ は独立で，分布はどれも $N(0,1)$ であるとする．

(1) $\lim_n P\left(a\leq\dfrac{X_1+\cdots+X_n}{n}\leq b\right)$ を求めよ．

(2) $\dfrac{X_1+\cdots+X_n}{n}$ の分布は，$n\to\infty$ のとき単位分布に収束することを確かめよ．

（ヒント．$(X_1+\cdots+X_n)/n\in N(0,1/n)$）

5．4番と同じ仮定の下で，次を証明せよ．

$$\lim_{n}\frac{1}{n}\log P\left(a\leq\frac{X_1+\cdots+X_n}{n}\leq b\right)=-\min_{a\leq x\leq b}\left(\frac{x^2}{2}\right)$$

（ヒント．$0\leq a<b$ のとき，$\dfrac{1}{\sqrt{2\pi}}\displaystyle\int_{a\sqrt{n}}^{b\sqrt{n}}e^{-t^2/2}dt\leq\dfrac{1}{\sqrt{2\pi}}\displaystyle\int_{a\sqrt{n}}^{b\sqrt{n}}e^{-na^2/2}dt$，

$\dfrac{1}{\sqrt{2\pi}}\displaystyle\int_{a\sqrt{n}}^{b\sqrt{n}}e^{-t^2/2}dt\geqq\dfrac{1}{\sqrt{2\pi}}\displaystyle\int_{a\sqrt{n}}^{(a+\varepsilon)\sqrt{n}}e^{-t^2/2}dt\qquad(a<a+\varepsilon<b)$.）

第8章

特性関数

確率母関数，モーメント母関数等はそれぞれ有用ではあるが対象になる分布のクラスには制限があった．例えば，Cauchy 分布のモーメント母関数は存在しない．この章ではこのような例外なしに任意の分布の〝母関数〞になり得る特性関数について述べよう．中心極限定理の証明に使うことも考慮して，次の2点を中心に述べる：

分布 $F(x)$ の特性関数を $\varphi_F(t)$ とかくことにすると，

(i) $\varphi_F=\varphi_G \Longleftrightarrow F=G$ （一意性定理）

(ii) $\varphi_{F_n}\to\varphi_F$ （各点収束）$\Longleftrightarrow F_n\to F$ （弱収束）

1．特性関数

複素数 $z=x+iy\ (i=\sqrt{-1})$ に対して

$$\bar{z}=x-iy \ \text{（共役複素数）},\quad |z|=\sqrt{z\bar{z}}=\sqrt{x^2+y^2} \ \text{（絶対値）}$$

とおく．複素数 z （$\neq 0$）を極形式で

$$z=re^{i\theta}=r(\cos\theta+i\sin\theta),\quad r=|z|,\quad -\pi<\theta\leq\pi$$

と表すこともできる．

さて，複素(数値)確率変数 $Z(\omega)=X(\omega)+iY(\omega)$ に対し，その平均値を

$$E(Z)\equiv E(X)+iE(Y) \tag{1}$$

と定義する．(実)確率変数の場合と同様に

$$|E(Z)|\leq E(|Z|) \tag{2}$$

が成り立つことを注意しておこう。実際，$Z=Re^{i\Theta}$，$E(Z)=re^{i\theta}$ と表すと

$$|E(Z)|=r=E(e^{-i\theta}Z)=E[Re^{i(\Theta-\theta)}]$$
$$=E[R\cos(\Theta-\theta)]+iE[R\sin(\Theta-\theta)].$$

ここで，虚数部分を比較すると，最右辺虚数部分の平均値は0であり

$$|E(Z)|=E[R\cos(\Theta-\theta)]$$
$$\leq E[|R\cos(\Theta-\theta)|]\leq E(R)=E(|Z|)$$

となる。

X を確率変数，F を X の分布関数とする。複素確率変数 e^{itX} の平均値

(3) $$\varphi_X(t)\equiv E(e^{itX})=E(\cos tX)+iE(\sin tX),\quad t\in\boldsymbol{R}$$

を X または F の**特性関数**とよぶ。φ_X を φ_F または単に φ とかくこともある。分布 F が離散型 $\{a_k, p_k\}$ または密度関数 $f(x)$ をもつ場合は

(4) $$\varphi_F(t)=\int_{-\infty}^{\infty}e^{itx}dF(x)\equiv\begin{cases}\sum_k e^{ita_k}p_k\\ \int_{-\infty}^{\infty}e^{itx}f(x)dx\end{cases}$$

である。

$|e^{itX}|\leq 1$ だから，(2)を考慮すれば(3)から直ちに

(5) $$|\varphi_X(t)|\leq 1,\quad \varphi_X(0)=1,\quad \varphi_X(-t)=\overline{\varphi_X(t)}$$

(6) $$\varphi_{aX+b}(t)=e^{itb}\varphi_X(at)\qquad (a, b\in\boldsymbol{R})$$

(7)　$\varphi_X(t)$ は連続である

ことがわかる。また，$e^{it(X+Y)}=e^{itX}\cdot e^{itY}$ の平均を考えると

(8)　X と Y が独立ならば $\varphi_{X+Y}(t)=\varphi_X(t)\varphi_Y(t)$

となる。

具体的な分布についてその特性関数を計算しておこう。

例 1

1）（二項分布）

(9) $$\varphi(t)=\sum_{k=0}^{n}e^{itk}{}_nC_kp^kq^{n-k}=\sum_{k=0}^{n}{}_nC_k(pe^{it})^kq^{n-k}$$
$$=(pe^{it}+q)^n.$$

2)　(Poisson 分布)

(10)
$$\varphi(t)=\sum_{k=0}^{\infty} e^{itk}\cdot e^{-\lambda}\frac{\lambda^k}{k!}=\sum_{k=0}^{\infty} e^{-\lambda}\frac{(\lambda e^{it})^k}{k!}$$
$$=e^{\lambda(e^{it}-1)}.$$

例 2　(正規分布)

$X\in N(\mu,\sigma^2)$ ならば

(11)
$$\varphi_X(t)=e^{i\mu t-\sigma^2 t^2/2}.$$

特に，$X\equiv Z\in N(0,1)$ ならば

(12)
$$\varphi_Z(t)=e^{-t^2/2}.$$

はじめに，$\varphi_Z(t)$ を計算しよう．

$$\varphi_Z(t)=E(\cos tZ)+iE(\sin tZ)$$
$$=\frac{1}{\sqrt{2\pi}}\int_{-\infty}^{\infty}\cos tx\cdot e^{-x^2/2}dx+i\frac{1}{\sqrt{2\pi}}\int_{-\infty}^{\infty}\sin tx\cdot e^{-x^2/2}dx.$$

虚数部分は奇関数の積分だから 0 になる．実数部分で，$\cos tx$ をべき級数に展開して項別積分をすると

$$\varphi_Z(t)=\sum_{k=0}^{\infty}\frac{1}{(2k)!}(-t^2)^k\int_{-\infty}^{\infty}x^{2k}\frac{1}{\sqrt{2\pi}}e^{-x^2/2}dx.$$

この積分は Z の $2k$ 次のモーメントを表し

$$1\cdot3\cdot5\cdot\cdots\cdot(2k-1)=\frac{(2k)!}{2^k k!}$$

に等しい（6 .43)．ゆえに

$$\varphi_Z(t)=\sum_{k=0}^{\infty}\frac{(-t^2)^k}{2^k k!}=e^{-t^2/2}.$$

$X\in N(\mu,\sigma^2)$ ならば $Z\equiv(X-\mu)/\sigma\in N(0,1))$ だから

$$\varphi_X(t)=E[e^{it(\mu+\sigma Z)}]=e^{i\mu t}\varphi_Z(\sigma t)=e^{i\mu t-\sigma^2 t^2/2}$$

となる．

例 6 . 8 で計算したように，X のモーメント母関数は

$$M_X(t)=E[e^{tX}]=e^{\mu t+\sigma^2 t^2/2}\qquad(-\infty<t<\infty)$$

である．右辺は（収束半径が無限大の）t のべき級数に展開できるので，$M_X(t)$ を複素平面上の正則関数 $M_X(z)$ に解析接続して，$z=it$ とおくと上式から(11)が得られる．すなわち，この例では，$\varphi_X(t)=M_X(it)$

である．一般の確率変数に対してもそのモーメント母関数 $M(t)$ が原点の近傍で存在すれば（6 .37）式のよう $M(t)$ が原点の近傍でべき級数でかけることから $M(it)$ が特性関数になっている．話をもとに戻して，$\varphi_Z(t)$ を別の方法で求めてみよう．正則関数

$$f(z)=\frac{1}{\sqrt{2\pi}}e^{-z^2/2}$$

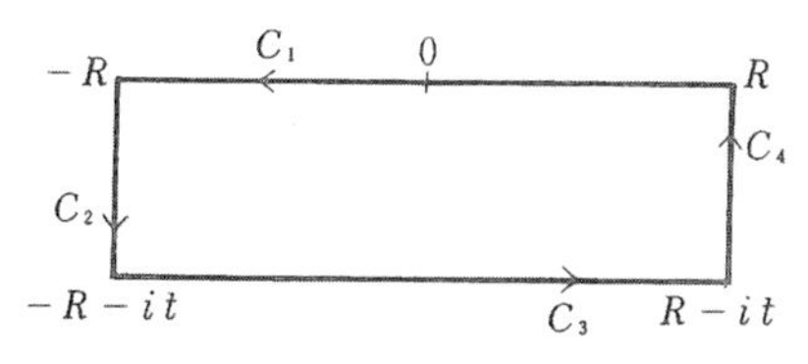

を図の積分路に沿って積分すると，Cauchy の定理により

$$\int_{C_1+C_2+C_3+C_4} f(z)dz=0。 \qquad \cdots\cdots①$$

$R\to\infty$ のとき，

$$\int_{C_1} f(z)dz+\int_{C_3} f(z)dz$$

$$=-\frac{1}{\sqrt{2\pi}}\int_{-R}^{R}e^{-x^2/2}dx+e^{t^2/2}\frac{1}{\sqrt{2\pi}}\int_{-R}^{R}e^{itx}e^{-x^2/2}dx$$

$$\to -1+e^{t^2/2}\varphi_Z(t), \qquad \cdots\cdots②$$

$$\int_{C_2}+\int_{C_4}=\frac{2}{\sqrt{2\pi}}e^{-R^2/2}\int_{-t}^{0}e^{y^2/2}\sin Ry\,dy\to 0 \qquad \cdots\cdots③$$

だから，①〜③より $\varphi_Z(t)=e^{-t^2/2}$ がでる。

例 3　(Cauchy 分布)

X の分布密度が $a/\pi(x^2+a^2)$ $(a>0)$ であることを $X\in C(a)$ と表すことにしよう．このとき

(13)　$$\varphi_X(t)=e^{-a|t|}。$$

$a=1$ の場合で計算しておけばよい．関数

$$f(z)=\frac{1}{z^2+1}e^{itz} \qquad (t>0 \text{ とする})$$

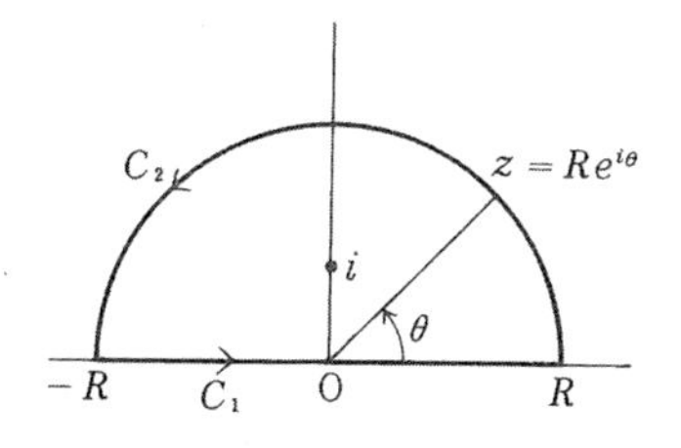

を図の積分路に沿って積分する．点 $z=i$ が $f(z)$ の1位の極なので，留数定理により

$$\int_{C_1+C_2} f(z)dz = 2\pi i \operatorname{Res}(i),$$

$$\operatorname{Res}(i) = \lim_{z \to i}(z-i)f(z) = \frac{1}{2i}e^{-t}. \qquad \cdots\cdots ①$$

$R \to \infty$ のとき,

$$\int_{C_1} f(z)dz = \int_{-R}^{R} e^{itx}\frac{1}{x^2+1}dx \to \pi\varphi_X(t), \qquad \cdots\cdots ②$$

$$\left|\int_{C_2} f(z)dz\right| = \left|\int_0^{\pi} e^{itR(\cos\theta+i\sin\theta)}\frac{1}{R^2e^{2i\theta}+1}iRe^{i\theta}d\theta\right|$$

$$\leq \frac{R}{R^2-1}\int_0^{\pi} e^{-Rt\sin\theta}d\theta \to 0. \qquad \cdots\cdots ③$$

ゆえに, $\varphi_X(t) = e^{-t}$ $(t>0)$. $t<0$ のとき, (5)より $\varphi_X(t) = \overline{\varphi_X(-t)} = e^t$. ゆえに, $\varphi_X(t) = e^{-|t|}$ $(t \in \boldsymbol{R})$.

例 4 (一様分布)

$\{X_k\}$ を p-Bernoulli 列とすると

$$Z = \sum_{k=1}^{\infty}\frac{X_k}{2^k}$$

の特性関数は

$$(14) \qquad \varphi_p(t) = e^{it/2}\prod_{k=1}^{\infty}\left(\cos\frac{t}{2^{k+1}} + i(2p-1)\sin\frac{t}{2^{k+1}}\right)$$

である. 何となれば,

$$E(e^{itX_k/2^k}) = pe^{it/2^k} + q$$

$$= e^{it/2^{k+1}}(pe^{it/2^{k+1}} + qe^{-it/2^{k+1}})$$

$$= e^{it/2^{k+1}}\left(\cos\frac{t}{2^{k+1}} + i(2p-1)\sin\frac{t}{2^{k+1}}\right)$$

と(8)から

$$\varphi_p(t) = \prod_{k=1}^{\infty} E(e^{itX_k/2^k})$$

$$= \prod_{k=1}^{\infty} e^{it/2^{k+1}} \cdot \prod_{k=1}^{\infty}\left(\cos\frac{t}{2^{k+1}} + i(2p-1)\sin\frac{t}{2^{k+1}}\right) = (14)右辺.$$

(14)式を使って, 次の二つのことを示そう.

$$(15) \qquad \prod_{k=1}^{\infty}\cos\frac{t}{2^k} = \frac{\sin t}{t} \qquad \text{(Euler の公式)}$$

(16) $p \neq 1/2$ ならば, Z の分布 $F_p(x)$ は連続ではあるが絶対連続ではない。

(15)の証明．$p=1/2$ のとき，Z の分布は $[0,1]$ 上の一様分布である．(14)より

$$\varphi_{1/2}(t)=e^{it/2}\prod_{k=1}^{\infty}\cos\frac{t}{2^{k+1}}.$$

$$\text{一方,}\quad \varphi_{1/2}(t)=\int_0^1 e^{itx}dx=\frac{1}{it}(e^{it}-1)$$

$$=\frac{\sin t}{t}+i\frac{1-\cos t}{t}.$$

ゆえに，無限積と上式最右辺の実数部分を比較すれば(15)の関係式が得られる．

(16)の証明．(14)式から $\varphi_p(t)$ の $t=2^n\pi$，$\pi/2^n$ での値をみると容易に

$$\varphi_p(2^n\pi)=-(2p-1)\varphi_p(\pi)\qquad(n\geq 2)\tag{17}$$

$$\varphi_p\left(\frac{\pi}{2^n}\right)=-i\varphi_p(\pi)e^{i\pi/2^{n+1}}\times\prod_{k=1}^{n}\left[\cos\frac{\pi}{2^{k+1}}+i(2p-1)\sin\frac{\pi}{2^{k+1}}\right]^{-1}\qquad(n\geq 1)\tag{18}$$

となることがわかる．$\varphi_p(\pi)=0$ ならば(18)と(5)，(7)より

$$0=\lim_n\varphi_p\left(\frac{\pi}{2^n}\right)=\varphi_p(0)=1$$

となるので $\varphi_p(\pi)\neq 0$．したがって，$p\neq 1/2$ ならば，(17)より

$$\lim_{n\to\infty}\varphi_p(2^n\pi)=-(2p-1)\varphi_p(\pi)\neq 0$$

である．Z の分布 $F_p(x)$ が絶対連続で密度 $f(x)$ をもてば，Riemann-Lebesgue の定理により

$$\lim_{|t|\to\infty}\varphi_p(t)=\lim_{|t|\to\infty}\int_{-\infty}^{\infty}e^{itx}f(x)dx=0$$

となるので上のことと相容れない．したがって，$F_p(x)$ は絶対連続ではない．しかし，$x\in[0,1]$ の2進展開を $x=\sum x_k/2^k$ とすると

$$P(Z=x)=P(X_k=x_k,\ \forall k\geq 1)$$

$$=\prod_{k=1}^{\infty}P(X_k=x_k)$$

$$\leq\prod_{k=1}^{\infty}(\max\{p,q\})=0$$

となるので F_p は連続である．

注．大数の強法則を使えば，$F_p(x)$ が連続特異分布であることがわかる．

2．反転公式・一意性定理

確率母関数，分布のラプラス変換等の反転公式に対応して，特性関数については次の定理が成り立つ．

(19)　（**反転公式**）分布 $F(x)$ の特性関数を $\varphi(t)$ とする．a，b $(a<b)$ が $F(x)$ の連続点ならば

$$F(b)-F(a)=\lim_{T\to\infty}\frac{1}{2\pi}\int_{-T}^{T}\frac{e^{-ita}-e^{-itb}}{it}\varphi(t)dt$$

である．

分布 $F(x)$, $G(x)$ の特性関数が等しければ，上式から $F(x)$, $G(x)$ に共通な連続点 a，b に対して，$F(b)-F(a)=G(b)-G(a)$ となる．$F(x)$，$G(x)$ が右連続でそれらの不連続点が高々可算個しかないことを考慮して，$a\downarrow-\infty$ とすれば $F(b)=G(b)$．次に，任意の点 x に対して $b\downarrow x$ とすれば $F(x)=G(x)$ となるので，次の定理が得られる．

(20)　（**一意性定理**）同じ特性関数をもつ二つの分布は同じである．

例 5　(Cauchy 分布)

1）$X\in C(a)$，$Y\in C(b)$ が独立ならば $X+Y\in C(a+b)$．

$$\varphi_{X+Y}(t)=\varphi_X(t)\varphi_Y(t)=e^{-a|t|}e^{-b|t|}=e^{-(a+b)|t|}$$

と一意性定理による．

2）$X_1,\cdots,X_n,\cdots$ が独立に同じパラメーター a の Cauchy 分布をするとき，算術平均 $\bar{X}_n=(X_1+\cdots+X_n)/n$ の分布は

$$\varphi_{\bar{X}_n}(t)=\prod_1^n E(e^{itX_k/n})=\prod_1^n e^{-a|t|/n}=e^{-a|t|}$$

より Cauchy 分布 $C(a)$ である．これにより，大数の法則が成り立たないことがわかる：$n\to\infty$ のとき $\bar{X}_n$ は定数に（確率）収束しない．

例 6　（ガンマ分布，χ^2 分布）

1）ガンマ分布。ガンマ関数の定義式

(21)　$$\Gamma(p)\equiv\int_0^\infty x^{p-1}e^{-x}dx=\lambda^p\int_0^\infty x^{p-1}e^{-\lambda x}dx \qquad (p,\lambda>0)$$

から

(22)　$$f(x\,;\lambda,p)\equiv\begin{cases}\dfrac{\lambda^p}{\Gamma(p)}x^{p-1}e^{-\lambda x}, & x>0\\ 0 & , x\leq 0\end{cases}$$

とおくと，一つの確率密度が得られる。この分布を**ガンマ分布**という。その特性関数は，(21)で λ を実数部分が正の複素数としてもよいことが確かめられるので，

(23)　$$\varphi(t\,;\lambda,p)\equiv\frac{\lambda^p}{\Gamma(p)}\int_0^\infty x^{p-1}e^{-(\lambda-it)x}dx$$
$$=\frac{\lambda^p}{\Gamma(p)}\cdot\frac{\Gamma(p)}{(\lambda-it)^p}=\left(1-\frac{it}{\lambda}\right)^{-p}$$

となる。

(24)　$$\varphi(t\,;\lambda,p)\varphi(t\,;\lambda,q)=\varphi(t\,;\lambda,p+q)$$

だから X, Y が独立で分布がそれぞれガンマ分布 (λ,p), (λ,q) ならば $X+Y$ の分布はガンマ分布 $(\lambda,p+q)$ である（**ガンマ分布の再生性**）。

2）指数分布。ガンマ分布 $f(x\,;\lambda,1)=\lambda e^{-\lambda x}$ $(x>0)$ は指数分布である。従って，ガンマ分布の再生性より，同じパラメーター λ の指数分布をする n 個の独立確率変数の和の分布はガンマ分布

$$f(x\,;\lambda,n)=\frac{\lambda^n}{(n-1)!}x^{n-1}e^{-\lambda x},\quad x>0 \qquad (\Gamma(n)=(n-1)!)$$

である（例4.5）。

3）χ^2 分布。ガンマ分布

(25)　$$\begin{cases}f\left(x\,;\dfrac{1}{2},\dfrac{n}{2}\right)=\dfrac{1}{2^{n/2}\Gamma\left(\dfrac{n}{2}\right)}x^{n/2-1}e^{-x/2}, \quad x>0\\ \varphi\left(x\,;\dfrac{1}{2},\dfrac{n}{2}\right)=(1-2it)^{-n/2}\end{cases}$$

を**自由度 n の χ^2 分布**（chi-square distribution）とよぶ。

$X\in N(0,1)$ の平方のモーメント母関数

$$M(t)=E(e^{tX^2})=\frac{1}{\sqrt{2\pi}}\int_{-\infty}^{\infty}e^{tx^2}e^{-x^2/2}dx$$

$$=(1-2t)^{-1/2},\quad |t|<\frac{1}{2}$$

から，X^2 の特性関数は

$$\varphi(t)=M(it)=(1-2it)^{-1/2}$$

となり，(25)と比較すれば X^2 が自由度1の χ^2 分布をすることがわかる．従って，ガンマ分布の再生性により

(26)　標準正規分布 $N(0,1)$ をする独立な $X_1,\cdots,X_n$ の平方和 $\chi^2\equiv X_1^2+\cdots+X_n^2$ の分布は自由度 n の χ^2 分布である．

例7　整数値確率変数 X の特性関数を

(27)
$$\varphi(t)=\sum_{k=-\infty}^{\infty}e^{ikt}p_k,\quad p_k=P(X=k)$$

とすると

(28)
$$p_k=\frac{1}{2\pi}\int_0^{2\pi}e^{-ikt}\varphi(t)dt.$$

実際，m が整数ならば

$$\int_0^{2\pi}e^{imt}dt=\int_0^{2\pi}\cos mtdt+i\int_0^{2\pi}\sin mtdt$$

$$=2\pi\delta_{m0}$$

だから，(27)の両辺に e^{-int} をかけて積分すると

$$\int_0^{2\pi}e^{-int}\varphi(t)dt=\sum_{k=-\infty}^{\infty}p_k\int_0^{2\pi}e^{i(k-n)t}dt=2\pi p_n.$$

3．確率分布の収束

F，F_n $(n\geq 1)$ を確率分布関数とする．

(29)　F のすべての連続点 x で $F_n(x)$ が $F(x)$ に収束するとき，F_n が F に**弱収束**する（converges weakly）といい，$F_n\to F$（弱）とか $F_n\xrightarrow{w}F$ 等とかく．F_n が X_n の，F が X の分布であって，F_n が F に弱収束するとき，X_n が X に**法則収束**するといい，$X_n\to X$（法則収束），$X_n\to X$（in law）等と記す．

$F_n \xrightarrow{w} F$，$F_n \xrightarrow{w} G$ ならば，F，G に共通なすべての連続点 a で $F(a) = G(a)$ だから，任意の点 x で $F(x)=G(x)$ となり，極限分布は唯一つである。

分布の収束と特性関数の収束について，次の定理が成り立つ。

(30)　**(収束定理)**　分布 F，F_n の特性関数を φ，φ_n とすると

$$F_n \to F \text{（弱収束）} \Longleftrightarrow \varphi_n \to \varphi \text{（各点収束）}$$

である（付録5）。

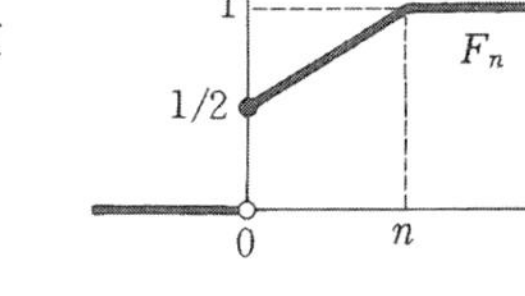

例8　F_n をグラフが図のような分布関数とすると

$$\lim_n F_n(x) = \begin{cases} 0, & x<0 \\ 1/2, & x \geq 0 \end{cases}$$

で，各点 x で収束しても極限が**確率**分布関数になるとは限らない。

例9　F_n をグラフが図のような分布関数とすると，

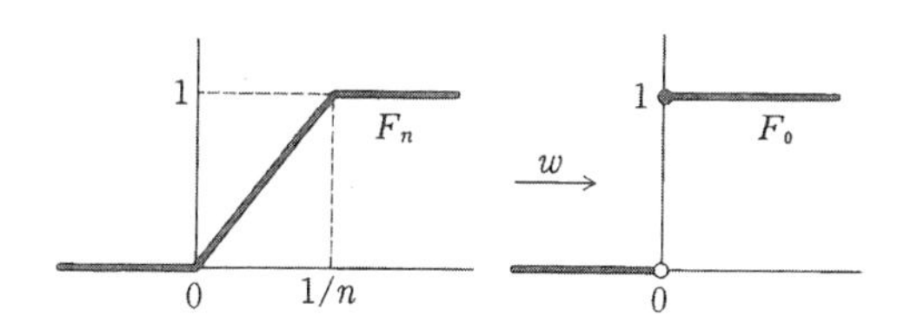

$$F(x) \equiv \lim_n F_n(x) = \begin{cases} 0, & x \leq 0 \\ 1, & x>0. \end{cases}$$

F が原点で右連続でないので，$F_0(x) \equiv F(x+)$ と修正すると $F_n \xrightarrow{w} F_0$ となる。F_0 は恒等的（または a.s.）に0等しい確率変数の分布関数で**単位分布**と呼ばれる。

例10　**(Poisson の極限定理)**　二項分布 $\{b(k\,;\,n, p_n)\}$ において，$np_n \to \lambda\ (>0)$ であるとしよう。$\lambda_n \equiv np_n$ とおくと

$$(31)\quad b(k\,;\,n, p_n) = \frac{n(n-1)\cdots(n-k+1)}{k!}\left(\frac{\lambda_n}{n}\right)^k\left(1-\frac{\lambda_n}{n}\right)^{n-k}$$

$$= \frac{1}{k!}\left(1-\frac{1}{n}\right)\cdots\left(1-\frac{k-1}{n}\right)\lambda_n^k\left(1-\frac{\lambda_n}{n}\right)^{n-k}$$

$$\to \frac{\lambda^k}{k!} e^{-\lambda} \qquad (n \to \infty).$$

言い換えると，n が大きく p が小さいときには，二項確率が Poisson 確率で近似できて

$$(32) \qquad b(k\,;\,n, p) \equiv {}_nC_k p^k q^{n-k} \sim p(k\,;\,\lambda) \equiv e^{-\lambda}\frac{\lambda^k}{k!} \qquad (\lambda = np)$$

となる．例えば，$b(4\,;\,100, 0.01) = 0.0149$，$p(4\,;\,1) = 0.0153$．

(31)から

$$F_n(x) \equiv \sum_{k \leq x} b(k\,;\,n, p_n) \to F(x) \equiv \sum_{k \leq x} p(k\,;\,\lambda) \qquad (\forall x \in \boldsymbol{R})$$

だから，$F_n \overset{w}{\to} F$ である．この事実は，特性関数を使って

$$\varphi_{F_n}(t) = (p_n e^{it} + q_n)^n = \left[1 - \frac{\lambda_n}{n}(1 - e^{it})\right]^n$$
$$\to e^{\lambda(e^{it}-1)} = \varphi_F(t)$$

のように確かめることもできるが，この方法だと(31)の内容が見えない．

練習問題　8

1．X の分布が $N(0, 1)$ のとき，X^2 の分布密度 $f(x)$ を次の 2 通りの方法で計算せよ．

(1)　$f(x) = \dfrac{d}{dx} P(X^2 \leq x)$．

(2)　$\int_{-\infty}^{\infty} e^{itx} f(x)\,dx = E[e^{itX^2}]$ の右辺を求める．

2．負の二項分布 $p_k^{(n)} = {}_{n+k-1}C_k p^n q^k\ (k \geq 0)$ は，$nq = \lambda$ が一定であるようにして $q \to 0$ とすると，Poisson 分布 $P(\lambda)$ に収束する．このことを，次の 2 通りの方法で示せ．

(1)　$\lim_n p_k^{(n)} = e^{-\lambda}\lambda^k / k!$．

(2)　$\{p_k^{(n)}\}$ の特性関数が $P(\lambda)$ の特性関数に収束する．

3．

(1)　X，Y は独立で，同じ幾何分布 $\{pq^k\}_{k\geq 0}$ に従うとする。$X-Y$ の特性関数 $\varphi(t)$ を求め，$\varphi(2k\pi)=1$ $(k=0, \pm 1, \pm 2, \cdots)$ であることを示せ。

(2)　$\psi(t)$ をある確率変数 Z の特性関数とする。$\psi(a)=1$ となるような点 a $(\neq 0)$ があれば，Z の取り得る値は $2k\pi/a$ $(k=0, \pm 1, \pm 2, \cdots)$ であることを証明せよ。

（ヒント．$0=1-\psi(a)=E[1-e^{iaZ}]=E[(1-\cos aZ)-i\sin aZ]$）

4．

(1)　ある分布の特性関数 $\varphi(t)$ が $\varphi(t)=\varphi^2(t)$ $(\forall t)$ を満たせば，その分布は単位分布であることを証明せよ。

（ヒント．$\varphi(t)$ は連続）

(2)　$f(x)$ を連続な確率密度関数とし，$\varphi(t)$ を $f(x)$ の特性関数とする。次を証明せよ。

$$\varphi(t) \text{ が実数値関数である。} \Longleftrightarrow f(x) \text{ が偶関数である。}$$

（ヒント．分布 $f(-x)$ の特性関数 $=\overline{\varphi(t)}$）

5． X と Y は独立で，X の分布は $N(0, a^2)$，Y の分布は $N(0, b^2)$ であるとする。

(1)　$Z=Y/X$ の分布は，パラメーター $c=b/a$ の Cauchy 分布であることを示せ。

(2)　$E[e^{itZ}]=\dfrac{1}{2\pi ab}\displaystyle\int_{-\infty}^{\infty}\int_{-\infty}^{\infty} e^{ity/x}e^{-x^2/2a}e^{-y^2/2b}dxdy$

とかけることから，積分に関する一つの等式

$$\int_0^{\infty} e^{-\frac{1}{2}\left(\frac{x^2}{a^2}+\frac{b^2}{x^2}\right)}dx=\sqrt{\frac{\pi}{2}}ae^{-\frac{b}{a}}$$

を導びけ。

第９章

中心極限定理

１．中心極限定理

中心極限定理は，ある条件の下で，多数の独立確率変数の和の分布が正規分布に近づくこと，逆に言えばその分布が正規分布で近似できるという定理である．de Moivre (1667～1754) は1733年頃二項分布に対して極限定理（付録３）

(1)
$$\lim_{n\to\infty}\sum_{k\leq np+x\sqrt{npq}} {}_n\mathrm{C}_k p^k q^{n-k}=\frac{1}{\sqrt{2\pi}}\int_{-\infty}^{x}e^{-t^2/2}dt$$

$$(p+q=1)$$

が成り立つことを示した．de Moivre が扱ったのは $p=1/2$ のときで，後に Laplace（1749～1827）が生起確率 p が一般の場合について考えた．

de Moivre-Laplace の極限定理(1)は，$\{X_k\}$ を p-Bernoulli 列とし $S_n=X_1+X_2+\cdots+X_n$ とおくと

(2)
$$P(S_n\leq np+x\sqrt{npq})=P\left(\frac{S_n-np}{\sqrt{npq}}\leq x\right)$$
$$\sim\frac{1}{\sqrt{2\pi}}\int_{-\infty}^{x}e^{-t^2/2}dt\quad(n\to\infty)$$

とかける．この古典的な中心極限定理の厳密な証明は，二項分布を含むより一般な分布のクラスに対して1901年に Lyapunov (1857～1918) によって与えられた．その後，Lindeberg，Feller (1906～70) 等の多数の人達によって定理の一般化と精密化が行われてきた．ここでは，

同一分布をする独立列について考える：

(3)　(**中心極限定理**) $\{X_k\}$ を独立同分布をする確率変数列とし，$S_n \equiv X_1 + X_2 + \cdots + X_n$ とおく。平均値 $\mu \equiv E(X_k)$，分散 $\sigma^2 \equiv V(X_k)$ が有限ならば

(4)
$$Z_n \equiv \frac{S_n - E(S_n)}{\sqrt{V(S_n)}} = \frac{X_1 + X_2 + \cdots + X_n - n\mu}{\sigma\sqrt{n}}$$

の分布関数 $F_n(x)$ は標準正規分布

(5)
$$\Phi(x) = \frac{1}{\sqrt{2\pi}} \int_{-\infty}^{x} e^{-t^2/2} dt = \int_{-\infty}^{x} \phi(t) dt,$$

$$\phi(x) = \frac{1}{\sqrt{2\pi}} e^{-x^2/2}$$

に収束する：$F_n(x) \longrightarrow \Phi(x) \qquad (\forall x \in \mathbf{R})$.

$\{X_k\}$ が p-Bernoulli 列のときは，S_n の分布は二項分布で $E(S_n) = np$，$V(S_n) = npq$ だから，(3)から de Moivre-Laplace の定理が得られる。

定理(3)で，$\mu > 0$ ならば $E(S_n) = n\mu$，$V(S_n) = n\sigma^2 \to \infty$ となるので，和 S_n の分布は n が大きくなるにつれて図のように山を右に移しながら平べったくなるであろう。

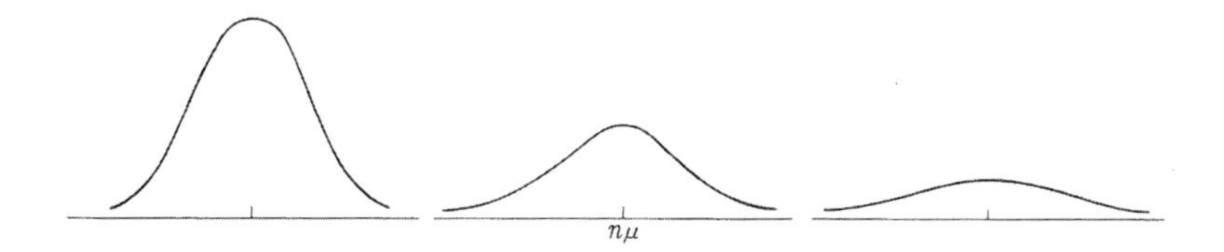

そこで，S_n の分布の"重心" $n\mu$ に原点を移し，分布の"ちらばりの度合"を表す標準偏差 $\sigma\sqrt{n}$ を単位の長さにとって S_n を(4)のように標準化した変数 Z_n を考えると，$E(Z_n) = 0$，$V(Z_n) = 1$ となって，その分布が $N(0, 1)$ に収束するというのが中心極限定理の内容である。

定理(3)の証明は2節で行うが，第8章で述べた次の収束定理を用いる：

(6)　確率分布関数 $F(x)$，$F_n(x)$ $(n = 1, 2, \cdots)$ の特性関数をそれぞれ

$\varphi(t)$, $\varphi_n(t)$ とすると

$$F \text{ のすべての連続点 } x \text{ で } F_n(x) \to F(x)$$

$$\Longleftrightarrow$$

$$\text{すべての点 } t \text{ で } \varphi_n(t) \to \varphi(t)$$

である。

定理(3)を証明するには，Z_n の分布関数 $F_n(x)$ に対して $F_n(x) \to \Phi(x)$ $(\forall x)$ であることを示せばよいから

(7) $$\varphi_n(t) \to e^{-t^2/2} \quad (= \Phi(x) \text{ の特性関数}) \quad (\forall t)$$

を証明するということになる。

例1 （二項分布）成功の確率が p の試行を n 回繰り返すときの成功の回数を S_n とする。a, b $(a<b)$ に対して

$$\alpha = \frac{a-np}{\sqrt{npq}}, \quad \beta = \frac{b-np}{\sqrt{npq}}$$

とおくと，n が大きければ de Moivre-Laplace の定理(2)によって

(8) $$P(a \leq S_n \leq b) = P(np + \alpha\sqrt{npq} \leq S_n \leq np + \beta\sqrt{npq})$$
$$\approx \Phi(\beta) - \Phi(\alpha) = \frac{1}{\sqrt{2\pi}} \int_\alpha^\beta e^{-x^2/2} dx$$

なる近似式が得られる。

硬貨を10回投げるとき表が 4 ～ 6 回でる確率 p は

$$p = P(4 \leq S_{10} \leq 6) = \sum_{k=4}^{6} {}_{10}\mathrm{C}_k \frac{1}{2^{10}} = \frac{672}{1024} = 0.656$$

である．(8)を用いて p の近似値を求めると，

$$np = 5, \quad \sqrt{npq} = \sqrt{2.5} = 1.581$$

$$\alpha = \frac{4-5}{1.581} = -0.63, \quad \beta = \frac{6-5}{1.581} = 0.63$$

だから正規分布表によって

$$\Phi(0.63) - \Phi(-0.63) = 0.472$$

となり n が大きくないためあまり良い近似値が得られない。個々の二項確率 $b(k\,;\,n, p)$ を近似する次の局所型極限定理（付録 3 ）

(9) n, k が大きくかつ $\dfrac{k-np}{\sqrt{npq}} \approx x$ ならば

$$b(k\,;\,n,\ p)\approx\frac{1}{\sqrt{2\pi npq}}e^{-x^2/2}$$
$$\approx\frac{1}{\sqrt{npq}}\phi\left(\frac{k-np}{\sqrt{npq}}\right)$$

を使うと

$$p\approx\frac{1}{\sqrt{npq}}\sum_{k=4}^{6}\phi\left(\frac{k-np}{\sqrt{npq}}\right)$$
$$=\frac{1}{1.58}[\phi(-0.63)+\phi(0)+\phi(0.63)]=0.667$$

となる。

例2　(Poisson 分布) $\{X_k\}$ をパラメーター λ の Poisson 分布に従う独立確率変数列とする。X_k の平均値，分散ともに λ であるから，中心極限定理(3)により

$$\alpha=\frac{a-n\lambda}{\sqrt{n\lambda}},\quad \beta=\frac{b-n\lambda}{\sqrt{n\lambda}}$$

とおくと，n が大きければ

$$P(a\leq S_n\leq b)=P\left(\frac{a-n\lambda}{\sqrt{n\lambda}}\leq\frac{S_n-n\lambda}{\sqrt{n\lambda}}\leq\frac{b-n\lambda}{\sqrt{n\lambda}}\right)\tag{10}$$
$$\approx\Phi(\beta)-\Phi(\alpha)$$

となる。Poisson 分布の再生性から和 S_n の分布がパラメーター $n\lambda$ の Poisson 分布になるので，(10)を

$$\sum_{a\leq k\leq b}p(k\,;\,n\lambda)\approx\Phi(\beta)-\Phi(\alpha)\tag{11}$$

と書き直すことができる。

$\lambda=1$，$n=10$，$a=10-l$，$b=10+l$ のとき，$\alpha=-l/\sqrt{10}$，$\beta=l/\sqrt{10}$ で，(11)左辺の確率 p と右辺の正規近似値 p' とは表のようになる：

l	$a\sim b$	p	p'
4	6～14	0.8495	0.7960
5	5～15	0.9220	0.8859
6	4～16	0.9626	0.9426
7	3～17	0.9830	0.9729

例 3　(一様分布) $\{X_k\}$ を独立に区間 $[0,1]$ 上に一様分布をする確率変数列とし，X_k, $S_n=X_1+\cdots+X_n$ の分布密度をそれぞれ $g(x)$, $g_n(x)$ とする．$S_n=S_{n-1}+X_n$ は互いに独立な S_{n-1} と X_n の和であるから (4.27) 式によって，S_n の密度は S_{n-1} と X_n の密度の合成積として

$$g_n(x)=\int_{-\infty}^{\infty}g_{n-1}(x-y)g(y)dy,$$

$$g_1(x)=g(x)=1 \qquad (0\leq x\leq 1)$$

と表される．$0\leq X_k\leq 1$, $0\leq S_n\leq n$ だから $g_n(x)=0$ ($x<0$ または $x>n$) であることに注意して上式を変形すると

$$g_n(x)=\int_0^1 g_{n-1}(x-y)dy=\int_{x-1}^{x}g_{n-1}(t)dt$$

となる．これから $g_3(x)$ を求めると (練習問題 4.2 を参照)

$$g_3(x)=\begin{cases}\dfrac{1}{2}x^2 & ,\ 0\leq x\leq 1\\[2mm] \dfrac{3}{4}-\left(x-\dfrac{3}{2}\right)^2, & 1\leq x\leq 2\\[2mm] \dfrac{1}{2}(x-3)^2 & ,\ 2\leq x\leq 3.\end{cases} \tag{12}$$

X_k の平均値が 1/2, 分散が 1/12 (例 5.8) であるから S_n の標準化は

$$Z_n=(S_n-n/2)\Big/\sqrt{\frac{n}{12}}$$

であり，その密度関数は

$$\begin{aligned} f_n(x)&\equiv\frac{d}{dx}P(Z_n\leq x)\\ &=\frac{d}{dx}P\left(S_n\leq\frac{n}{2}+\sqrt{\frac{n}{12}}x\right)\\ &=\sqrt{\frac{n}{12}}g_n\left(\frac{n}{2}+\sqrt{\frac{n}{12}}x\right)\end{aligned} \tag{13}$$

とかける．この関係式と(12)とから $f_3(x)$ を求めて図示すると次のようになる：

$$f_3(x)=\begin{cases}\dfrac{1}{16}(x+3)^2, & -3\leq x\leq -1\\ \dfrac{1}{8}(3-x^2), & -1\leq x\leq 1\\ \dfrac{1}{16}(x-3)^2, & 1\leq x\leq 3\end{cases} \tag{14}$$

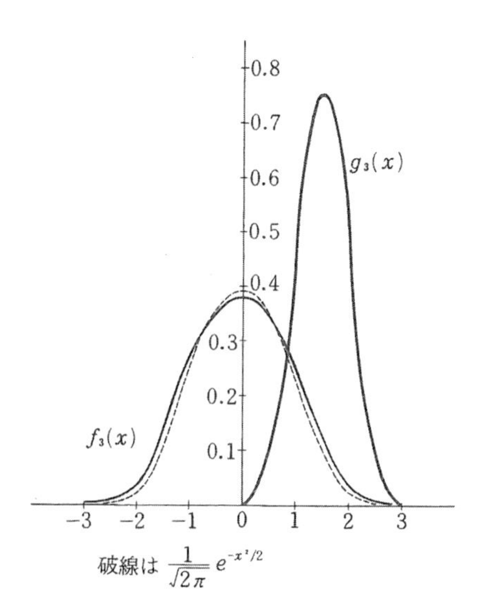

破線は $\dfrac{1}{\sqrt{2\pi}}e^{-x^2/2}$

例４　（指数分布）定理(3)において，X_k がパラメーター λ の指数分布に従う場合に，直接計算で $F_n(x)\to\Phi(x)$ を導いてみよう．

和 $S_n=X_1+\cdots+X_n$ の分布はガンマ分布（例４．５）

$$g_n(x)=\begin{cases}\dfrac{\lambda^n}{\Gamma(n)}e^{-\lambda x}x^{n-1}, & x>0\\ 0 & , x\leq 0\end{cases} \qquad (\Gamma(n)=(n-1)!) \tag{15}$$

である．パラメーター λ の指数分布の平均値が $1/\lambda$，分散が $1/\lambda^2$ であることから，S_n の標準化は

$$Z_n=\left(S_n-\frac{n}{\lambda}\right)\bigg/\frac{\sqrt{n}}{\lambda}$$

となる．Z_n の分布関数を $F_n(x)$ とすると(13)と同様にすれば $F_n(x)$ の密度関数

(16) $$f_n(x)\equiv F_n'(x)=\frac{\sqrt{n}}{\lambda}g_n\left(\frac{n}{\lambda}+\frac{\sqrt{n}}{\lambda}x\right)$$

$$=\begin{cases}\dfrac{\sqrt{n}}{\Gamma(n)}e^{-n}n^{n-1}\cdot e^{-\sqrt{n}x}\left(1+\dfrac{x}{\sqrt{n}}\right)^{n-1}, & x>-\sqrt{n}\\ 0 & , x\leq-\sqrt{n}\end{cases}$$

が得られる．$f_n(x)$ に対して

(17) $$\lim_{n\to\infty}f_n(x)=\frac{1}{\sqrt{2\pi}}e^{-x^2/2}$$

(18) $f_n(x)$ は一様有界：$0\leq f_n(x)\leq M(\forall n,\forall x)$

が成り立つことを示そう．

(19) $$h_n(x)\equiv\begin{cases}e^{-\sqrt{n}x}\left(1+\dfrac{x}{\sqrt{n}}\right)^{n-1}, & x>-\sqrt{n}\\ 0, & x\leq-\sqrt{n}\end{cases}$$

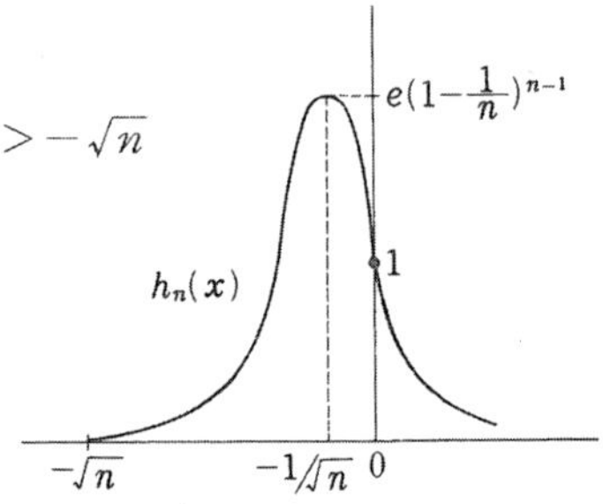

$e(1-\frac{1}{n})^{n-1}$

1

$h_n(x)$

$-\sqrt{n}$　$-1/\sqrt{n}$　0

とおく．任意の x に対して n が十分大きければ，$x>-\sqrt{n}$, $|x|/\sqrt{n}<1$ であるから

$$\log h_n(x)=-\sqrt{n}x+(n-1)\log\left(1+\frac{x}{\sqrt{n}}\right)$$

$$=-\sqrt{n}x+(n-1)\left[\frac{x}{\sqrt{n}}-\frac{1}{2}\frac{x^2}{n}+O\left(\frac{x^3}{n^{3/2}}\right)\right]^{(注1)}$$

$$=-\frac{x}{\sqrt{n}}-\frac{1}{2}\left(1-\frac{1}{n}\right)x^2+O\left(\frac{x^3}{\sqrt{n}}\right)\to-\frac{1}{2}x^2\qquad(n\to\infty).$$

ゆえに

(20) $$\lim_n h_n(x)=e^{-x^2/2}\qquad(\forall x\in\boldsymbol{R}).$$

次に

(21) $$a_n\equiv\frac{\sqrt{n}}{\Gamma(n)}n^{n-1}e^{-n}=\frac{1}{(n-1)!}n^{n-1/2}e^{-n}$$

とおくと，スターリングの公式

(22) $$n!\sim\sqrt{2\pi}\,n^{n+1/2}e^{-n}\qquad(n\to\infty)$$

により，$n\to\infty$ のとき

$$a_n\sim\frac{n^{n-1/2}e^{-n}}{\sqrt{2\pi}(n-1)^{n-1/2}e^{-(n-1)}}=\frac{1}{\sqrt{2\pi}e}\left(1-\frac{1}{n}\right)^{-n+1/2}$$

であるから

$$\lim_n a_n = 1/\sqrt{2\pi} \tag{23}$$

となる。ゆえに

$$\lim_n f_n(x) = \lim_n a_n h_n(x) = \frac{1}{\sqrt{2\pi}} e^{-x^2/2}.$$

また $h_n(x)$ が点 $x=-1/\sqrt{n}$ で最大値 $e\left(1-1/n\right)^{n-1}$ をとることから $f_n(x)$ が n, x について一様に有界であることがわかる。

さて，(17)と(18)から中心極限定理 $F_n(x) \to \Phi(x)$ が次のように導かれる。まず，a, b $(a<b)$ に対して

$$\begin{aligned} \lim_n[F_n(b)-F_n(a)] &= \lim_n \int_a^b f_n(x)dx \\ &= \frac{1}{\sqrt{2\pi}} \int_a^b e^{-x^2/2} dx \\ &= \Phi(b)-\Phi(a). \end{aligned} \tag{24}$$

次に任意の x に対して $-c<x<c$ なる正数 c をとると

$$\begin{aligned} |F_n(x)-\Phi(x)| &= |(F_n(x)-F_n(-c)) \\ &\quad -(\Phi(x)-\Phi(-c))+F_n(-c)-\Phi(-c)| \\ &\leq |(F_n(x)-F_n(-c))-(\Phi(x)-\Phi(-c))| \\ &\quad +F_n(-c)+\Phi(-c), \end{aligned}$$

$$F_n(-c)=P(Z_n \leq -c)=1-P(Z_n>-c)$$

$$\leq 1-P(-c<Z_n \leq c)=1-(F_n(c)-F_n(-c))$$

だから $n\to\infty$ とすると(24)によって

$$\begin{aligned} \limsup_n |F_n(x)-\Phi(x)| &\leq 1-(\Phi(c)-\Phi(-c))+\Phi(-c) \\ &= 1-\Phi(c)+2\Phi(-c) \end{aligned}$$

となる。ここで $c\to\infty$ とすると $\Phi(c)\to 1$, $\Phi(-c)\to 0$ となるので上式から $F_n(x)\to\Phi(x)$ が得られる。

例5　**(Stirling の公式)**　例4の計算の本質的な部分はスターリングの公式(22)によって $a_n \to 1/\sqrt{2\pi}$ を得るところである。ここでは逆に指数分布に対する中心極限定理 $F_n(x)\to\Phi(x)$ からスターリングの公式

を証明してみよう．

$f_n(x)=a_nh_n(x)$ の両辺を 0 から 1 まで積分して

$$\int_0^1 f_n(x)dx=a_n\int_0^1 h_n(x)dx,$$

$$a_n=\int_0^1 f_n(x)dx\Big/\int_0^1 h_n(x)dx$$

$$=(F_n(1)-F_n(0))\Big/\int_0^1 h_n(x)dx$$

とすると，仮定 $F_n(x)\to\Phi(x)$ と(20)及び $0\leq h_n(x)\leq e$ とから

$$\lim_n a_n=(\Phi(1)-\Phi(0))\Big/\int_0^1 e^{-x^2/2}dx$$

$$=\frac{1}{\sqrt{2\pi}}\int_0^1 e^{-x^2/2}dx\Big/\int_0^1 e^{-x^2/2}dx=\frac{1}{\sqrt{2\pi}}$$

となる．ゆえに(22)の両辺の比の極限を考えると

$$\frac{\sqrt{2\pi}\,n^{n+1/2}e^{-n}}{n!}=\sqrt{2\pi}\frac{n^{n-1/2}e^{-n}}{(n-1)!}=\sqrt{2\pi}\,a_n\to 1,$$

すなわち，(22)が成り立つ．

2．中心極限定理の証明

はじめに不等式を二つ用意する．

(25) $|z|\leq 1/2$ なる複素数 z に対して

$$|\log(1+z)-z|\leq|z|^2$$

証明 $\log(1+z)=z-\frac{z^2}{2}+\frac{z^3}{3}-\cdots+(-1)^{n-1}\frac{z^n}{n}+\cdots(|z|<1)$ より，$|z|\leq 1/2$ ならば

$$|\log(1+z)-z|\leq|z|^2\left(\frac{1}{2}+\frac{|z|}{3}+\cdots+\frac{|z|^{n-2}}{n}+\cdots\right)$$

$$\leq|z|^2\left(\frac{1}{2}+\frac{1}{2^2}+\cdots+\frac{1}{2^{n-1}}+\cdots\right)$$

$$=|z|^2.$$

x を実数として

(26)　$R_n(x)\equiv e^{ix}-\sum_{k=0}^{n}\frac{(ix)^k}{k!}\qquad (n=0,1,2,\cdots)$

とおくと

(27)
$$|R_n(x)|\leq 2\frac{|x|^n}{n!}\wedge\frac{|x|^{n+1}}{(n+1)!}.$$

ただし，$a\wedge b=\min\{a,b\}$ は a と b の中の小さい方を表す。

証明　$\int_0^x R_n(t)dt=\int_0^x\left[e^{it}-\sum_{k=0}^{n}\frac{(it)^k}{k!}\right]dt$

$$=\left[\frac{1}{i}e^{it}-\sum_{k=0}^{n}\frac{1}{i}\frac{(it)^{k+1}}{(k+1)!}\right]_0^x$$

$$=\frac{1}{i}R_{n+1}(x),$$

$$R_{n+1}(x)=i\int_0^x R_n(t)dt. \qquad \cdots\cdots①$$

$x=2m\pi+y\ (-\pi<y\leq\pi)$ とすると，図から

$$|R_0(x)|=|e^{ix}-1|=|e^{iy}-1|$$
$$\leq 2\wedge|y|\leq 2\wedge|x|.$$

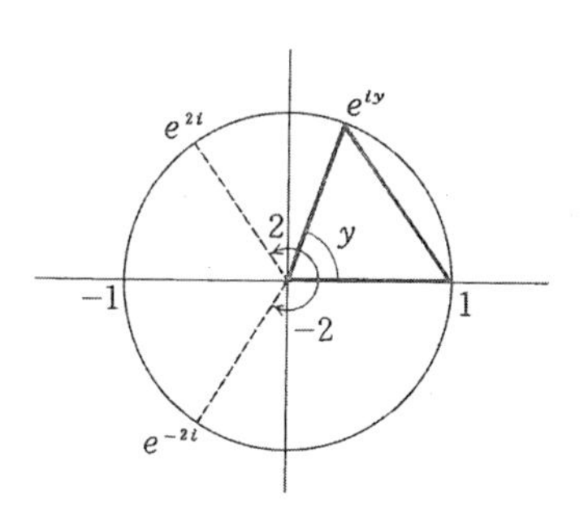

ゆえに①より

$$|R_1(x)|\leq\int_0^{|x|}|R_0(t)|dt$$
$$\leq\int_0^{|x|}(2\wedge t)dt$$
$$\leq 2|x|\wedge\frac{|x|^2}{2}.$$

以下同様にすれば(27)が得られる。

(28)（補題）　確率変数 X の特性関数を $\varphi(t)$ とする。X の平均値が 0，分散が σ^2 ならば

$$\varphi(t)=1-\frac{1}{2}\sigma^2t^2+o(t^2)\ (t\to 0)^{(注2)}$$

である。

証明

$$e^{itX}=1+itX-\frac{1}{2}t^2X^2+R_2(tX) \qquad \cdots\cdots②$$

とかくと，(27)より

$$|R_2(tX)| \leq t^2X^2 \wedge \frac{|tX|^3}{6} = t^2X^2\left(1 \wedge \frac{|tX|}{6}\right)$$
$$\leq t^2X^2$$

となるので $E(|R_2(tX)|) \leq t^2E(X^2) < \infty$ であって，さらに（有界収束定理により）

$$\lim_{t\to 0}\frac{1}{t^2}E(|R_2(tX)| \leq \lim_{t\to 0} E\left[X^2(1 \wedge \frac{|tX|}{6}\right] = 0$$

となる．ゆえに②から

$$\varphi(t) = E[e^{itX}] = 1 - \frac{t^2}{2}E(X^2) + E(R_2(tX))$$
$$= 1 - \frac{1}{2}\sigma^2t^2 + o(t^2) \qquad (t \to 0)$$

である．

中心極限定理(3)の証明．　(3)～(7)の記号をそのまま用いることにし，X_k の特性関数を $\psi(t)$ で表そう．はじめに，$\mu=0$，$\sigma=1$ の場合を考える．

$$\varphi_n(t) \equiv E(e^{itZ_n}) = E[e^{it(X_1+\cdots+X_n)/\sqrt{n}}]$$
$$= \psi\left(\frac{t}{\sqrt{n}}\right)^n$$

と補題(28)と不等式(25)から

$$\log \varphi_n(t) = n \log \psi\left(\frac{t}{\sqrt{n}}\right)$$
$$= n \log\left(1 - \frac{t^2}{2n} + o\left(\frac{t^2}{n}\right)\right)$$
$$= n\left(-\frac{t^2}{2n} + o\left(\frac{t^2}{n}\right)\right) \to -\frac{t^2}{2} \qquad (n \to \infty).$$

ゆえに，$\varphi_n(t) \to e^{-t^2/2}$ $(n \to \infty)$ である．

$\mu=0$，$\sigma=1$ でないときは，X_k の標準化を Y_k とすると

$$Y_k = \frac{X_k - \mu}{\sigma},\quad E(Y_k) = 0,\quad V(Y_k) = 1,\quad Z_n = \frac{Y_1 + \cdots + Y_n}{\sqrt{n}}$$

とかけるので始めの場合に帰着される．

注1　$O(1/n^{\alpha})\ (\alpha>0)$ は $a_n n^{\alpha}$ が有界であるような一つの数列 a_n を表す．したがって，$O(1/n^{\alpha})\to 0\ (n\to\infty)$．

注2　$o(1/n^{\alpha})\ (\alpha>0)$ は $a_n n^{\alpha}\to 0\ (n\to\infty)$ であるような一つの数列 a_n を表す．

練習問題　9

1．硬貨を10000回投げるとき，表が4900〜5100回出る確率の近似値を求めよ．

2．成功の確率が p の試行を n 回繰り返すときの成功の回数を S_n で表す．正数 ε に対に対して

$$P\left(\left|\frac{S_n}{n}-p\right|<\varepsilon\right)\geq 0.95$$

となるような n の大きさはどの位か．

3．$X_1,\cdots,X_n,\cdots$ は独立，同一分布に従う確率変数列で，平均は0，分散は1であり，a，ε は正数とする．次を証明せよ．

(1)　$\lim\limits_{n} P\left(\dfrac{|X_1+\cdots+X_n|}{n^{\frac{1}{2}+\varepsilon}}>a\right)=0$

(2)　$\lim\limits_{n} P\left(\dfrac{|X_1+\cdots+X_n|}{n^{\frac{1}{2}-\varepsilon}}>a\right)=1$

4．区間 $(-1,1)$ 上に一様分布をする独立変数 X_1，…，X_n の和を S_n とする．

(1)　$\dfrac{S_n-E(S_n)}{\sqrt{V(S_n)}}$ の特性関数 $\varphi_n(t)$ を求めよ．

(2)　極限 $\lim\limits_{n}\varphi_n(t)$ を考えることにより

$$\lim_{n}\left(\frac{\sqrt{n}}{a}\sin\frac{a}{\sqrt{n}}\right)^n=e^{-a^2/6}\qquad (a\neq 0)$$

を示せ．

5．平均１の指数分布に従う独立確率変数列 X_1，…，X_n…に対して，中心極限定理を用いることにより

$$\lim_{n}\frac{1}{n!}\int_0^n x^n e^{-x}dx=\frac{1}{2}$$

を示せ．

第10章

ランダム・ウォーク

1．一次元ランダム・ウォーク

ある人が次のような賭事を行っている：硬貨を投げて表が出れば1円貰い裏が出れば1円とられる。この人のはじめの所持金を S_0 円とし，n 回目の儲けを $X_n=(1$ 又は $-1)$ 円とすると，n 回目の賭が終わったときの所持金 S_n は $S_n=S_0+X_1+\cdots+X_n$ となる。このようにして得られる確率変数の無限列 $\{S_n\}$ が n とともにどのような振舞をしどのように変動するかというのが本章の課題である。

$\{X_1, X_2, \cdots, X_n, \cdots\}$ を次のような独立確率変数列とする：

(1) $P(X_n=1)=p, P(X_n=-1)=q,$
$p+q=1.$

S_0 を $\{X_n\}$ とは独立で整数の値をとる確率変数とし

(2) $$S_n=S_0+X_1+\cdots+X_n, \quad n\geq 1$$

とおく。無限列 $\{S_n\}_{n\geq 0}$ を $\boldsymbol{Z}\equiv\{0, \pm 1, \pm 2, \cdots\}$ 上の**ランダム・ウォーク** (Random Walk) とよぶ。$p=q=1/2$ のときは，これを**対称なランダム・ウォーク**とよぶ。確率変数 S_n の標本点 ω での値 $S_n(\omega)$ からつくられる整数列 $\{S_n(\omega)\}_{n\geq 0}$，すなわち n の関数 $n\to S_n(\omega)$ を見本過程，**パス** (path) 等とよぶ。関数 $y=S_n(\omega)$ のグラフは ny-平面上の点列 $\{(n, S_n(\omega)\}_{n\geq 0}$ であるが，これらの点を順次線分でつないで

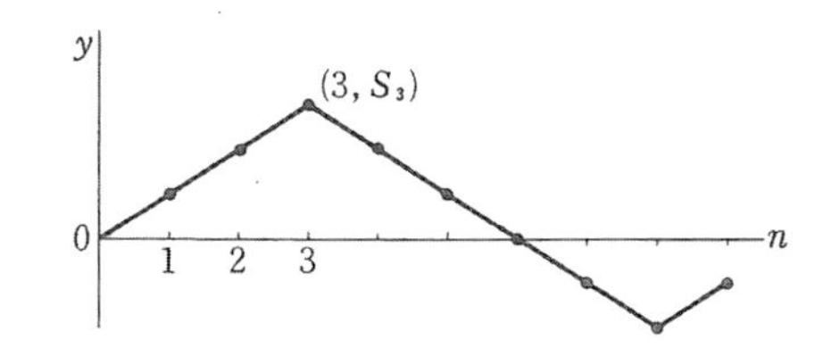

できる折れ線もパスとよぶことにしよう．折れ線のパスを次のようにみることもできる．直線上を速さ1で正の方向又は負の方向に走っている粒子があって，1単位時間ごとに右に行くか左に行くかがそれぞれ確率 p，q で決まるとき，粒子の時刻 t $(\geqq 0)$ での位置を S_t とすると，$y=S_t(\omega)$ のグラフが折れ線になる．ランダム・ウォークはこのような彷徨運動を整数の時点 $t=n$ だけで眺めたものになっている．S_n の径数 n を時間，時刻といい，S_0 を出発点ということもある．

1）　推移確率

条件つき確率

(3)　$$p_{ab}(n)\equiv P(S_n=b|S_0=a),\quad n\geqq 0,\quad a,b\in \boldsymbol{Z}$$

を a から b への**推移確率**とよぶ．彷徨する粒子は1時間に ± 1 だけ移動するので n 時間に移動する距離は高々 n である．したがって

(4)　$|a-b|>n$ ならば $p_{ab}(n)=0$,

$$特に\ p_{ab}(0)=\delta_{ab}=\begin{cases}1, & a=b\\ 0, & a\neq b\end{cases}$$

である．更に，ランダム・ウォークの推移確率には次の性質がある：

(5)　$$p_{ab}(n)=P(S_{m+n}=b|S_m=a)\qquad (時間的一様性)$$

(6)　$$p_{ab}(n)=P_{0\,b-a}(n)\qquad (空間的一様性)$$

(7)　$p=\dfrac{1}{2}$ ならば，$p_{ab}(n)=p_{ba}(n)$　　(対称性)

$$=p_{0|a-b|}(n).$$

実際，事象 $\{S_m=a\}$ と $\{X_{m+1}+\cdots+X_{m+n}=b-a\}$ が独立であるから

$$\begin{aligned}&P(S_{m+n}=b|S_m=a)\\&\quad=P(S_m=a,\ S_{m+n}=b)/P(S_m=a)\\&\quad=P(S_m=a,\ X_{m+1}+\cdots+X_{m+n}=b-a)/P(S_m=a)\\&\quad=P(X_{m+1}+\cdots+X_{m+n}=b-a).\end{aligned}$$

$X_{m+1}+\cdots+X_{m+n}$ と $X_1+\cdots+X_n$ の分布は同じだから

(8)　$$P(S_{m+n}=b|S_m=a)=P(X_1+\cdots+X_n=b-a)$$

となる．ここで，$m=0$ とおくと左辺は $p_{ab}(n)$ となり，また，$m=0$ と

し，a を 0, b を $b-a$ におきかえると左辺は $p_{0b-a}(n)$ となるが右辺は変わらない。したがって(5), (6)が成り立つ。次に，$p=1/2$ のときは X_k と $-X_k$ の分布が等しいので $X_1+\cdots+X_n$ と $-(X_1+\cdots+X_n)$ の分布も等しい。ゆえに(5), (6), (8)によって

$$\begin{aligned} p_{ab}(n) &= P(X_1+\cdots+X_n=b-a) \\ &= P[-(X_1+\cdots+X_n)=b-a] \\ &= P(X_1+\cdots+X_n=a-b)=p_{ba}(n) \\ &= p_{0|a-b|}(n) \end{aligned}$$

となる。

推移確率を求めるには，$p_{ab}(n)=p_{0k}(n)$ $(k=b-a)$ より $p_{0k}(n)$ を求めればよい。

$$(9)\quad p_{0k}(n)=\binom{n}{\frac{n+k}{2}}p^{\frac{1}{2}(n+k)}q^{\frac{1}{2}(n-k)},$$

$$n\geq 0,\quad k\in \boldsymbol{Z}$$

ただし

$$\binom{n}{\frac{n+k}{2}}=\begin{cases} {}_nC_{\frac{n+k}{2}}, & \dfrac{n+k}{2}=0,1,2,\cdots,n\text{のとき} \\ 0, & \text{その他} \end{cases}$$

である。

何となれば，$\xi_n=(X_n+1)/2$ とおくと，

$$P(\xi_n=1)=P(X_n=1)=p,\quad P(\xi_n=0)=P(X_n=-1)=q$$

から $\xi_1+\cdots+\xi_n$ が二項分布に従うので，(5)～(8)から

$$\begin{aligned} p_{0k}(n) &= P(X_1+\cdots+X_n=k) \\ &= P\left\{\xi_1+\cdots+\xi_n=\frac{1}{2}(n+k)\right\} \\ &= \binom{n}{\frac{n+k}{2}}p^{\frac{1}{2}(n+k)}q^{\frac{1}{2}(n-k)} \end{aligned}$$

となるからである。

2）　再帰時間

n 回目までの賭の平均利得 S_n/n は大数の強法則によって毎回の利

得の平均値に近づき，

$$\lim_{n\to\infty}\frac{S_n}{n}=E(X_1)=p-q \qquad \text{(a.s.)}$$

となる．従って

$$(10) \qquad \lim_{n\to\infty} S_n=\begin{cases} \infty, & p>q \text{ のとき} \\ -\infty, & p<q \text{ のとき}\end{cases} \quad \text{(a.s.)}$$

である．$p=1/2$ ならば賭は公平で損得相補って $E(S_n)=0$ ($S_0=0$ とする）となる．しかし，中心極限定理によると S_n の分布が正規分布 $N(0, n)$ に近いので S_n は正負となく大小の値をとる．従ってパス $\{S_n\}$ は n とともに大きく変動し複雑な挙動を示すであろう．以下，パスがどのような振舞をするのかその後を追ってみよう．

$u_n=p_{00}(n)$ とおくと(9)より

$$(11) \qquad \begin{cases} u_{2n}=\binom{2n}{n}(pq)^n, & n\geq 0 \\ u_{2n+1}=0 \end{cases}$$

となる．次に，原点 0 から出て 0 に戻る最初の時間 T_0 を，0 には戻らない場合もあり得ることを考慮して

$$(12) \qquad T_0\equiv\begin{cases} n, S_1\neq 0, \cdots, S_{n-1}\neq 0, S_n=0 \text{のとき} \\ \infty, \text{ 任意の} n\geq 1 \text{ に対して } S_n\neq 0 \text{ のとき}\end{cases}$$

と定義し

$$(13) \qquad \begin{cases} f_n\equiv P(T_0=n|S_0=0), & 0\leq n<\infty \\ f_\infty\equiv P(T_0=\infty|S_0=0) \end{cases}$$

とおく．原点 0 から出て 0 に戻れるのは $n=2, 4, 6, \cdots$ のときだけであるから

$$(14) \qquad f_0=0, \quad f_{2n-1}=0, \quad n\geq 1$$

である．数列 $\{u_n\}$, $\{f_n\}$ の母関数をそれぞれ $U(s)$, $F(s)$ とおくと，$-1<s<1$ で次が成り立つ：

(15)　**(定理)**　$U(s)=1+F(s)U(s)$

(16)　$U(s)=(1-4pqs^2)^{-1/2}$

(17)　$F(s)=1-(1-4pqs^2)^{1/2}$

証明　$S_0=0$ とする。原点0から出て時刻 n で0にいるようなパスを，ある時刻 $k\,(1\leq k\leq n)$ で始めて0に戻るようなパスに分類することにより

$$u_n=P(S_n=0)=\sum_{k=1}^{n}P(T_0=k,\,S_n=0)$$

を得る。$T_0=k$ ならば $S_k=0$ であり，$S_n=S_k+X_{k+1}+\cdots+X_n=X_{k+1}+\cdots+X_n$。また事象 $\{T_0=k\}=\{T_0=k,\ S_k=0\}$ が $X_1,\cdots,X_k$ だけで決まり事象 $\{X_{k+1}+\cdots+X_n=0\}$ と独立になるので

$$\begin{aligned}\text{上式}&=\sum_{k=1}^{n}P(T_0=k,\,S_k=0,\,X_{k+1}+\cdots+X_n=0)\\&=\sum_{k=1}^{n}P(T_0=k,\,S_k=0)P(X_{k+1}+\cdots+X_n=0)\\&=\sum_{k=1}^{n}P(T_0=k)P(X_1+\cdots+X_{n-k}=0).\end{aligned}$$

ゆえに

$$(18)\qquad u_n=\sum_{k=1}^{n}f_ku_{n-k}=\sum_{k=0}^{n}f_ku_{n-k},\quad n\geq 1\qquad (f_0=0\text{ である}).$$

上式両辺に s^n をかけて加えると

$$\begin{aligned}\sum_{n=1}^{\infty}u_ns^n&=\sum_{n=1}^{\infty}\left(\sum_{k=0}^{n}f_ku_{n-k}\right)s^n\\&=\sum_{k=0}^{\infty}f_ks^k\sum_{n=k}^{\infty}u_{n-k}s^{n-k}\\&=\sum_{k=0}^{\infty}f_ks^k\sum_{m=0}^{\infty}u_ms^m\\&=F(s)U(s).\end{aligned}$$

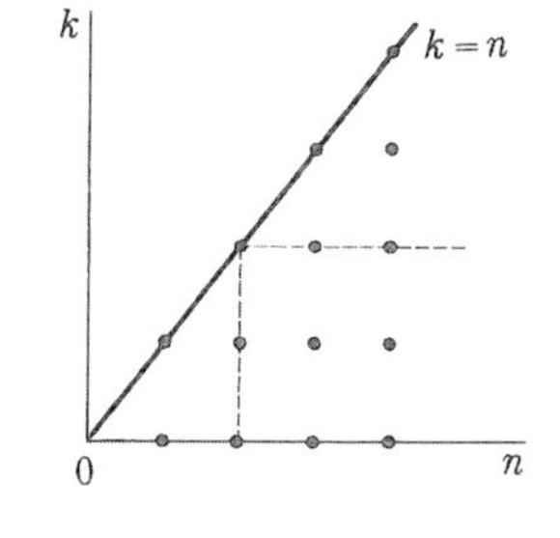

ゆえに，$u_0=1$ より

$$\begin{aligned}U(s)&=\sum_{n=0}^{\infty}u_ns^n=1+\sum_{n=1}^{\infty}u_ns^n\\&=1+F(s)U(s).\end{aligned}$$

次に $U(s)$，$F(s)$ を求めよう。(11)から

$$U(s)=\sum_{n=0}^{\infty}\binom{2n}{n}(pqs^2)^n$$

$$=\sum_{n=0}^{\infty}(-1)^n\binom{-\frac{1}{2}}{n}(4pqs^2)^n$$

$$=(1-4pqs^2)^{-1/2}.$$

従って，(15)から

$$F(s)=1-1/U(s)=1-(1-4pqs^2)^{1/2}.$$

$U(s)$ を求めるところで，次の二つの等式のはじめの方を用いた．

(19) $$\binom{-\frac{1}{2}}{n}=(-1)^n\binom{2n}{n}\frac{1}{2^{2n}},$$

$$\binom{\frac{1}{2}}{n}=(-1)^{n-1}\frac{1}{n}\binom{2n-2}{n-1}\frac{1}{2^{2n-1}}.$$

あとの等式を使うと

(20) $$F(s)=1-\sum_{n=0}^{\infty}\binom{1/2}{n}(-4pqs^2)^n$$

$$=\sum_{n=1}^{\infty}\frac{2}{n}\binom{2n-2}{n-1}(pqs^2)^n$$

$$=\sum_{n=1}^{\infty}\frac{1}{2n-1}\binom{2n}{n}(pqs^2)^n$$

となるので，(11)より

(21) $$f_{2n}=\frac{1}{2n-1}\binom{2n}{n}(pq)^n=\frac{1}{2n-1}u_{2n}$$

である．この和を(17)を使って求めると

$$\sum_{n=0}^{\infty}f_n=\lim_{s\uparrow 1}F(s)=1-\sqrt{1-4pq}$$

$$=1-\sqrt{(p+q)^2-4pq}=1-|p-q|.$$

ゆえに

(22) $S_0=0$ のとき，$P(T_0<\infty)=1-|p-q|$,

$$f_\infty=|p-q|$$

である．従って

(23) $p=1/2$, $S_0=0$ ならば $P(T_0<\infty)=1$

で，原点から出たパスは（確率1で）原点に戻る。一度原点に戻れば，そこから出てまた原点に戻るので

(24)　$p=1/2$，$S_0=0$ ならば $P($ 原点に何回でも戻る $)=1$

であることがわかる。しかし，原点にはなかなか戻らない：

(25)　$p=1/2$，$S_0=0$ のとき $E(T_0)=\infty$ である。

実際

$$E(T_0)=\lim_{s\uparrow 1}F'(s)=\lim_{s\uparrow 1}\frac{d}{ds}(1-\sqrt{1-s^2})$$

$$=\lim_{s\uparrow 1}\frac{s}{\sqrt{1-s^2}}=\infty.$$

注意1．$p\neq 1/2$ ならば(22)から $P(T_0<\infty)=1-f_\infty>0$ であるが，(10)より $|S_n|\to\infty$ であるから，一つのパスが原点に戻る回数 N は有限である。N の分布は容易にわかるように幾何分布で

$$P(N=k)=(1-f_\infty)^k f_\infty,\quad k\geq 0$$

となる。

注意2．$p=1/2$ のとき，$P(T_0<\infty)=1$，すなわち $f_\infty=0$ を示すのに，$U(s)$, $F(s)$ の具体的な形を使ったが，定理(15)から次の重要な判定方法が得られる：

$\{f_k\}$ と $\{u_k\}$ の間に(18)の関係式が成り立つとき，(15)より $F(s)=1-1/U(s)$ だから

$$F(1-)=\lim_{s\uparrow 1}F(s)=1\Longleftrightarrow U(1-)=\infty.$$

ゆえに，

(26)
$$\sum_{n=0}^{\infty}f_n=1\Longleftrightarrow\sum_{n=0}^{\infty}u_n=\infty.$$

$p=1/2$ ならば(11)とスターリングの公式によって

$$u_{2n}=\binom{2n}{n}\frac{1}{2^{2n}}\sim\frac{1}{\sqrt{n\pi}},\quad \sum u_n=\infty.$$

従って，$\sum f_n=1$。

2. 対称なランダム・ウォーク

$\{S_n\}$ は $S_0=0$ なる対称な（$p=1/2$）ランダム・ウォークとする。

3）到達時間

原点0から出て点 b（$\neq 0$）への到達時間 T_b を

(27)
$$T_b \equiv \begin{cases} n, & S_1 \neq b, \cdots, S_{n-1} \neq b, S_n = b \text{ のとき} \\ \infty, & \text{任意の } n \geq 1 \text{ に対して } S_n \neq b \text{ のとき} \end{cases}$$

と定義する。対称性から T_b と T_{-b} の確率法則は同じであるから $b>0$ として考えよう。

(28) 到達時刻 T_b の分布は

$$P(T_b=n)=\frac{1}{2}[p_{0b-1}(n-1)-p_{0b+1}(n-1)]$$

$$=\begin{cases} \dfrac{b}{2m-b}\dbinom{2m-b}{m}\dfrac{1}{2^{2m-b}}, & n=2m-b \text{ のとき} \\ 0, & \text{その他の } n \end{cases}$$

である。

(29) 1への到達時刻 T_1 の母関数を $F_1(s)$ とおくと

$$F_1(s)=(1-\sqrt{1-s^2})/s$$

である。

証明の前に次の準備をしておこう。

(30) ny 平面上の点 $Q(0, a)$ と点 $R(n, b)$ を結ぶパスの個数を $N_n(a, b)$ とおくと

$$N_n(a, b)=\binom{n}{\frac{1}{2}(n+b-a)}$$

であって

$$p_{ab}(n)=N_n(a, b)/2^n$$

である。

Q から R に行く一つのパス γ をとる。図の矢印 ↗ のように γ が上に m 回昇り，矢印 ↘ のように下に l 回降りるとすると，$m+l=n$, $m-l=b-a$ である。逆にこの条件をみたす整数の組 (m, l) を与える

と m 回の上昇と l 回の下降をするパスで点 Q, R をつなぐことができる。このときパスを上昇させる時点は $0, 1, \cdots, n-1$ の中の m 時点を任意に選ぶことができるので，結局 Q, R を結ぶパスの総数は ${}_nC_m$ 個あることになる。$m=(n+b-a)/2$ だから(9)式の約束の下で $N_n(a, b)$ を(30)式のように表すことができ，従って(30)の第 2 の等式が得られる。

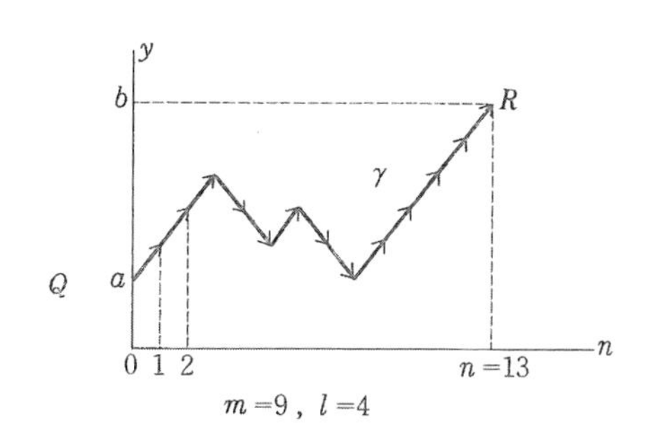

(28)の証明．$T_b=n$ なるパスは必ず点 $Q(n-1, b-1)$ を通る。原点 O から点 Q に行くパスは $N_{n-1}(0, b-1)$ 個ある。この中，直線 $y=b$ と共有点をもつパス γ の個数を M, 共有点を持たないパスの個数を M' で表す。パス γ が直線 $y=b$ と共有点をもつ最初の時刻を $k(1\leq k\leq n-1)$ とし，γ の $0\leq l\leq k$ の部分を $y=b$ に関して折り返すと，点 $R\,(0, 2b)$ から Q に行くパス γ^* が得られる。対応 $\gamma\to\gamma^*$ は 1 対 1 であるから

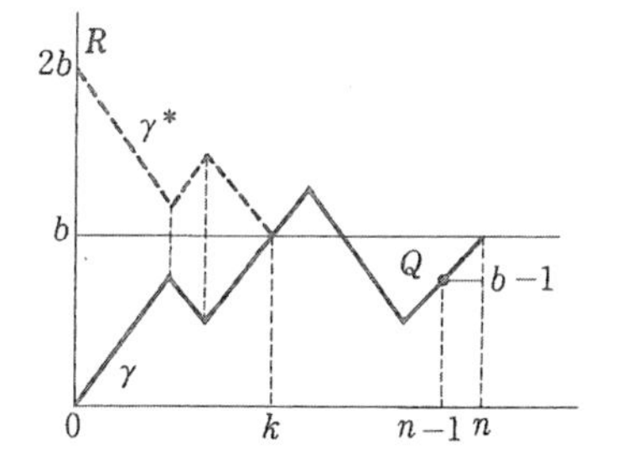

$$M=N_{n-1}(2b, b-1)=N_{n-1}(0, b+1)$$

である。ゆえに

$$P(T_b=n)=\frac{1}{2^n}M'=\frac{1}{2^n}[N_{n-1}(0, b-1)-M]$$

$$=\frac{1}{2}\left[\frac{1}{2^{n-1}}N_{n-1}(0, b-1)-\frac{1}{2^{n-1}}N_{n-1}(0, b+1)\right]$$

となるが，この右辺は(30)によって(28)の右辺に等しい。

(29)の証明．(28)から

$$P(T_1=2n-1)=\frac{1}{2n-1}\binom{2n-1}{n}\frac{1}{2^{2n-1}} \tag{31}$$

$$=\frac{1}{2n-1}\binom{2n}{n}\frac{1}{2^{2n}}$$

$$=f_{2n} \qquad \text{((21)より)}$$

となる．ゆえに

$$F_1(s)=\sum_{n=1}^{\infty}P(T_1=2n-1)s^{2n-1}=\sum_{n=1}^{\infty}f_{2n}s^{2n-1}$$

$$=\frac{1}{s}\sum_{n=1}^{\infty}f_{2n}s^{2n}=\frac{1}{s}F(s)$$

$$=\frac{1}{s}(1-\sqrt{1-s^2}) \qquad \text{((17)より)}.$$

$F_1(1)=1$ から $P(T_1<\infty)=1$ となり 0 から 1 へ（確率 1）で到達できる．これは出発点が $S_0=b$ のとき，b から $b+1$ に行けることを示す．従って，0 から 1, 1 から 2, … と到達可能であり，結局

(32)　原点から出て任意の点 b に到達可能である：

$$P(T_b<\infty)=1 \text{ 及び } P(\forall b\in \boldsymbol{Z} \text{ に対し } T_b<\infty)=1$$

であることがわかる．

4）滞在時間と逆正弦法則

原点 0 から出たパスが時刻 $2n$ までの間に原点の右側に滞在する時間を L_{2n} で表す：

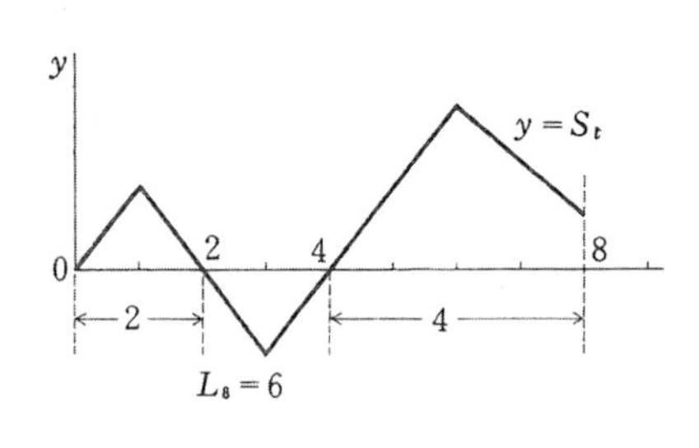

(33)　$L_{2n}\equiv\int_0^{2n}I_{(0,\infty)}(S_t)dt,$

$I_{(0,\infty)}(x)=1 \qquad (x>0),$

$=0 \qquad (x\leq 0).$

L_{2n} の分布が

(34)　$a_{2n,2k}\equiv P(L_{2n}=2k)=u_{2k}u_{2n-2k},\ 0\leq k\leq n \qquad (a_{0,0}=1$ とおく）

で与えられることを示そう．

はじめに，$a_{2n,0}=u_{2n}$ を示そう（$u_0=1$）．

$L_{2n}=0$ なるパスは時刻 $2n$ までは直線 $y=1$ と共有点をもたないパスであるから，$P(L_{2n}=0)=P(T_1>2n)$．ゆえに $P(T_1>2n)=u_{2n}$ を示せばよい．$n=0$ のときは両辺とも 1 で正しい．$2n-2$ のときに正しい

とすると

$$P(T_1>2n)=P(T_1>2n-2)-P(T_1=2n-1)$$
$$=u_{2n-2}-\frac{1}{2n-1}u_{2n} \qquad ((21),(31)\text{より})$$
$$=\frac{2n}{2n-1}u_{2n}-\frac{1}{2n-1}u_{2n}=u_{2n}$$

となる。また対称性より，$\alpha_{2n,2n}=u_{2n}$ を得る。従って $1\leq k\leq n-1$ なる k に対して(34)を示せばよい。$L_{2n}=2k$ なるパスは，(i)　0から1に行って（確率1/2），(ii)　1からある $2r-1$ 時間後に0に到達し（確率 $P(T_1=2r-1)=f_{2r}$），(iii)　時刻が $2r\sim 2n$ の間に $2k-2r$ 時間を正の側にいる（確率 $\alpha_{2n-2r,2k-2r}$）か，(iv)　0から -1 にうつって時刻 $2r$ に0に戻り，残り $2n-2r$ 時間の中の $2k$ 時間を正の側で過せばよい。ゆえに

$$\alpha_{2n,2k}=\frac{1}{2}\sum_{r=1}^{k}f_{2r}\alpha_{2n-2r,2k-2r}+\frac{1}{2}\sum_{r=1}^{n-k}f_{2r}\alpha_{2n-2r,2k} \tag{35}$$

である。$\alpha_{2,2}=u_2$ であったから，$\alpha_{2n-2,2r}=u_{2r}\times u_{2n-2-2r}$ $(1\leq r\leq n-2)$ を仮定すると，上式より

$$\alpha_{2n,2k}=\frac{1}{2}\sum_{r=1}^{k}f_{2r}u_{2k-2r}u_{2n-2k}+\frac{1}{2}\sum_{r=1}^{n-k}f_{2r}u_{2k}u_{2n-2k-2r}$$
$$=\frac{1}{2}u_{2n-2k}u_{2k}+\frac{1}{2}u_{2k}u_{2n-2k} \qquad ((18)\text{より})$$
$$=u_{2k}u_{2n-2k}$$

となる。ゆえに帰納法により証明が終る。

最後に，平均滞在時 $L_{2n}/2n$ に対する次の**逆正弦法則**

$$\lim_{n\to\infty}P(L_{2n}\leq 2nt)=\frac{2}{\pi}\sin^{-1}\sqrt{t},\quad 0\leq t\leq 1 \tag{36}$$

を導びこう。

$0<s<t<1$ とする。$s<k/n\leq t$ ならば，$1-t\leq(n-k)/n<1-s$ だから，$n\to\infty$ のとき $k\to\infty$，$n-k\to\infty$ となるので，スターリングの公式によって

$$u_{2k}u_{2n-2k}\sim\frac{1}{\pi}\frac{1}{\sqrt{k(n-k)}}.$$

ゆえに，$n\to\infty$ のとき，

$$P(2ns < L_{2n} \leq 2nt) = \sum_{2ns<2k\leq 2nt} P(L_{2n}=2k)$$
$$= \sum_{s<k/n\leq t} u_{2k}u_{2n-2k}$$
$$\sim \frac{1}{\pi}\sum_{s<k/n\leq t}\frac{1}{n}\frac{1}{\sqrt{k/n(1-k/n)}}$$
$$\sim \frac{1}{\pi}\int_s^t \frac{dx}{\sqrt{x(1-x)}} = \frac{2}{\pi}(\sin^{-1}\sqrt{t} - \sin^{-1}\sqrt{s})$$

となり，(36)が得られる．

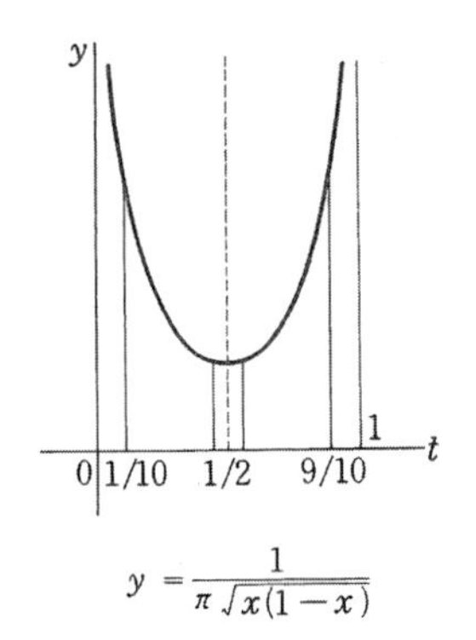

例　n が十分大きいとき

$$P(L_{2n}/2n < 0.1) \sim \frac{2}{\pi} \times \sin^{-1}\sqrt{0.1} \approx 0.2$$

$$P(L_{2n}/2n > 0.9) \approx 0.2,$$

$$P(0.45 < L_{2n}/2n < 0.55) \sim \frac{2}{\pi}(\sin^{-1}\sqrt{0.55} - \sin^{-1}\sqrt{0.45}) \approx 0.06.$$

後記　本章の内容は W. Feller［1］に従った．

練習問題　10

1．xy 平面上で，A，B の 2 人が格子点上を同時に移動している．A が原点から出発して，毎回 1/2 の確率で右方か上方のどちらかに 1 ずつ進み，B が A と同時に点 (n, n) から出発して，毎回 1/2 の確率で左方か下方のどちらかに 1 ずつ進むとき，A と B が出会う確率を求めよ．

2．$\{S_n\}$ を原点から出発する（$S_0=0$）ランダム・ウォークとし，a（<0），b（>0）を与えられた整数とする．このとき，S_n は点 a か点 b のどちらかに到達することを示せ．

3．$\{S_n\}$ は原点から出発するランダム・ウォークで $p \neq q$ であるとする．S_n が原点を出た後，原点に戻ってくる回数 N の平均値を求めよ．

4．対称なランダム・ウォークの点 0 から点 1 への到達時間 T_1 の分布を用いて，原点から原点への再帰時間 T_0 の分布を導びけ．

5．電灯の発色の問題（例2．3）で，$p_{11}=\alpha$，$p_{22}=\beta$ とおいて，次を示せ．ただし，$0<\alpha$，$\beta<1$ とする．

(1)　行列 $P=\begin{bmatrix} \alpha & 1-\alpha \\ 1-\beta & \beta \end{bmatrix}$ の固有値は，一つが1で，他の一つは絶対値が1より小さい．

(2)　n 回目の発色が赤である確率 $p_1^{(n)}$，青である確率 $p_2^{(n)}$ に対して，極限値

$$\lim_n p_1^{(n)}=\pi_1,\quad \lim_n p_2^{(n)}=\pi_2$$

が存在して，π_1，π_2 は最初の発色の確率 p_1，p_2 には関係しない．

(3)　最初の発色の確率が π_1，π_2 ならば，n 回目の発色の確率 $p_1^{(n)}$，$p_2^{(n)}$ は n に関係せず，つねに一定である．

練習問題解答

練習問題　1

1．(1)　$1-(5/6)^n$　(2)　$1-(5/6)^n-(n/6)(5/6)^{n-1}$

2．(1)　1人の人が出す手は3通りだから k 人では 3^k 通りある．特定の r 人全員が他の $k-r$ 人に勝つ場合の数は石対はさみ，紙対石，はさみ対紙の3通りで，k 人から r 人を選ぶ場合の数が ${}_k\mathrm{C}_r$ だから $p_r=3{}_k\mathrm{C}_r/3^k={}_k\mathrm{C}_r/3^{k-1}$．

(2)　1回で1人が勝つ確率は 2/3，あいこの確率は 1/3．ゆえに，k 回で勝敗が決まる確率は $(1/3)^{k-1}(2/3)$．

従って，$q_n=\sum_{k=1}^{n}(1/3)^{k-1}(2/3)=1-1/3^n$．$n=3$．

3．A，B の到着時刻をそれぞれ18時 x 分，y 分とすると，$0\leq x$，$y<10$ のときは10分発に，$10\leq x$，$y<20$ のときは20分発に，…，$50\leq x$，$y<60$ のときは19時発に乗れるので，同乗する確率は $6\cdot(10/60)^2=1/6$．

4．(5)　$2^n=(1+1)^n=\sum_{0}^{n}{}_n\mathrm{C}_k$

(6)　$(1+x)^{2n}$ の x^n の係数は ${}_{2n}\mathrm{C}_n$．一方，$(1+x)^{2n}=((1+x)^n)^2=\left(\sum_{k=0}^{n}{}_n\mathrm{C}_k x^k\right)^2$ から，x^n の係数は $\sum_{k=0}^{n}{}_n\mathrm{C}_k\cdot{}_n\mathrm{C}_{n-k}=\sum_{k=0}^{n}({}_n\mathrm{C}_k)^2$ ともかける．

5．確率の公理(i)～(iii)を使う練習．

(1)　$A=(A\setminus B)+AB$ である．

(2) $A \cup B = A + (B \setminus AB)$ である。

(3) (2)番を使って，$P(A \cup B \cup C) = P(A) + P(B \cup C) - P\{A(B \cup C)\}$ $= P(A) + P(B \cup C) - P(AB \cup AC)$ とし，第2，3項にもう一度(2)番を使う。

(4) $P(AB) = P(A) + P(B) - P(A \cup B)$ に注意して(3)番と同様にする。

(5) $n=2$ のときは(2)番によって正しい。一般の場合は，数学的帰納法を用いる。

(6) $\bigcap_1^n A_k = \left(\bigcup_1^n A_k^c\right)^c$。ゆえに，$P\left(\bigcap_1^n A_k\right) = 1 - P\left(\bigcup_1^n A_k^c\right) \geq 1 - \sum_1^n P(A_k^c)$。((5)番より)

練習問題 2

1．$P(A|B) = P(A|B^c)$ とすると，$P(A|B) = P(AB)/P(B)$，$P(A|B^c) = P(AB^c)/P(B^c) = (P(A) - P(AB)/(1 - P(B))$ それぞれの右辺が等しくなるので，$P(AB) = P(A)P(B)$ がでる。

2．$P(A_{ij}) = 1/6$, $P(A_{12}A_{13}) = P(A_{12}A_{23}) = P(A_{13}A_{23}) = P(A_{12}A_{13}A_{23}) = 1/36$。

3．(1) A が勝てるのは，1回目か4回目か7回目か……で，その回迄は誰も6の目を出さないから，A の勝つ確率

$$p_a = \frac{1}{6} + \left(\frac{5}{6}\right)^3 \frac{1}{6} + \left(\frac{5}{6}\right)^6 \frac{1}{6} + \cdots\cdots = \frac{36}{91}.$$

同様に

$$p_b = \frac{5}{6} \cdot \frac{1}{6} + \left(\frac{5}{6}\right)^4 \frac{1}{6} + \left(\frac{5}{6}\right)^7 \frac{1}{6} + \cdots\cdots = \frac{5}{6} p_a = \frac{30}{91},$$

$$p_c = \left(\frac{5}{6}\right)^2 \frac{1}{6} + \left(\frac{5}{6}\right)^5 \frac{1}{6} + \left(\frac{5}{6}\right)^8 \frac{1}{6} + \cdots\cdots = \frac{5}{6} p_b = \frac{25}{91}.$$

[別解] 題意から，$p_b = \frac{5}{6} p_a$，$p_c = \left(\frac{5}{6}\right)^2 p_a$。サイコロを投げ続ければ何

時かは6の目がでるから，$p_a+p_b+p_c=1$．この3つの関係式からp_a，p_b，p_cが求められる．

(2)　3人がサイコロを投げる順序は$3!=6$通りあるが，じゃんけんで決めるので同じ程度に可能である．従って誰が勝つ確率も1/3である．

4．くじ引きの結果は次のように表される：一列にn個の空箱を並べておいて，k番目が当りならばk番目の箱に赤玉を，外れならば黒玉を入れた玉入り箱のn個の列を標本点にとる．このとき，可能な場合の総数は

$N(N-1)\cdots\cdots(N-n+1)=n!\,{}_N C_n$ 通り．　　……①

次に，選ばれたk個の箱には赤玉を入れ，残り$n-k$個の箱には黒玉を入れる場合の数は

$r(r-1)\cdots\cdots(r-k+1)\times b(b-1)\cdots\cdots(b-(n-k)+1)=k!\,{}_r C_k\times(n-k)!\,{}_b C_{n-k}$ 通りあって，n個の箱からk個を選ぶ仕方は${}_n C_k$通りあるので，n人がくじを引いてk人が当る確率は

$$p_{k,n}^{r,b}=[{}_n C_k\times k!\,{}_r C_k\times(n-k)!\,{}_b C_{n-k}]\div n!\,{}_N C_n$$

$$=\frac{{}_r C_k\cdot{}_b C_{n-k}}{{}_N C_n}\qquad(0\leq k\leq\min(r,n)).\qquad\cdots\cdots②$$

この確率は$N=r+b$個の玉から“一度にn個を取る”とき，赤玉がk個，黒玉が$n-k$個取られる確率に等しく，超幾何分布と呼ばれる．

(2)　玉入り箱のなす標本空間Ωの事象

$A_{k,n-1}=$“$n-1$人で引いてk人が当る”

$B=$“n人が引いて，n番目の人が当る”

を考える．$\Omega=\sum_k A_{k,n-1}$，$P(A_{k,n-1})=p_{k,n-1}^{r,b}$より

$$P(B)=\sum_k P(A_{k,n-1})P(B|A_{k,n-1})$$

$$=\sum_k p_{k,n-1}^{r,b}\frac{r-k}{N-n+1}=\frac{1}{N-n+1}(r-\textstyle\sum_k k p_{k,n-1}^{r,b}).\quad\cdots③$$

$k\,{}_r C_k=r\,{}_{r-1}C_{k-1}$，${}_N C_{n-1}=N/(n-1)\times{}_{N-1}C_{n-2}$と②より

$$k p_{k,n-1}^{r,b}=k\,{}_r C_k\cdot{}_b C_{n-1-k}/{}_N C_{n-1}$$

$$=(n-1)r/N\times({}_{r-1}C_{k-1}\cdot{}_b C_{n-1-k}/{}_{N-1}C_{n-2})$$

$$=(n-1)r/N\times p_{k-1,n-2}^{r-1,b}.$$

ゆえに，

$\sum_k kp_{k;n-1}^{r,b}=(n-1)r/N\times\sum_k p_{k-1;n-2}^{r-1,b}=(n-1)r/N$

となるので，③より $P(B)=r/N$(すなわち，何番目に引いても不利でも有利でもない)．$n=2$ のときは，$P(B)=(r/N)(r-1/N-1)+(b/N)(r/N-1)=r/N$ である．

[別解]　事象 B の標本点の個数は，n 番目の箱に赤玉を入れ，1 から $n-1$ 番目の箱に他の $N-1$ 個の玉を入れる場合に等しいので，$|B|=r\times(N-1)(N-2)\cdots\cdots(N-1-(n-1)+1)$ である．ゆえに，①によって $P(B)=|B|/|\Omega|=r/N$．

5．(1)　$\omega\in\bigcap_{n=1}^{\infty}\left(\bigcup_{k=n}^{\infty}A_k\right)\Longleftrightarrow$ 任意の n に対して，番号 $k_n(\omega)$ が存在して，$k_n(\omega)\geq n$ かつ $\omega\in A_{kn(\omega)}$

$\Longleftrightarrow\omega$ が無限個の $A_{kn(\omega)}$ に属する．

$\omega\in\bigcup_{n=1}^{\infty}\left(\bigcap_{k=n}^{\infty}A_k\right)\Longleftrightarrow$ ある $n=n(\omega)$ があって $\omega\in\bigcap_{k=n(\omega)}^{\infty}A_k$．

$$\left(\bigcap_{n=1}^{\infty}\left(\bigcup_{k=n}^{\infty}A_k\right)\right)^c=\bigcup_{n=1}^{\infty}\left(\bigcup_{k=n}^{\infty}A_k\right)^c=\bigcup_{n=1}^{\infty}\left(\bigcap_{k=n}^{\infty}A_k^c\right),$$

$$\left(\bigcup_{n=1}^{\infty}\left(\bigcap_{k=n}^{\infty}A_k\right)\right)^c=\bigcap_{n=1}^{\infty}\left(\bigcap_{k=n}^{\infty}A_k\right)^c=\bigcap_{n=1}^{\infty}\left(\bigcup_{k=n}^{\infty}A_k^c\right).$$

(2)　事象 $A_k=$“k 回目が表”を考え，$B_n=\bigcup_{k\geq n}A_k$ とおくと，$\{A_k\}$ が独立なことから

$P(B_n^c)=P(A_n^cA_{n+1}^c\cdots\cdots)=\lim_r P(A_n^cA_{n+1}^c\cdots A_{n+r}^c)=\lim_r(1-p)^{r+1}=0$，$P(B_n)=1$．$B_n\downarrow\limsup_n A_n=A$ より $P(A)=\lim_n P(B_n)=1$．同様に $P(B)=1$．従って，$P((AB)^c)=P(A^c\cup B^c)\leq P(A^c)+P(B^c)=0$．ゆえに，$P(AB)=1=P(A)P(B)$ となるので，A，B は独立．

練習問題　3

1．(1)　$I_{AB}(\omega)=1\Longleftrightarrow\omega\in AB\Longleftrightarrow(\omega\in A,\ \omega\in B)$

$\Longleftrightarrow(I_A(\omega)=1,\ I_B(\omega)=1)$

$\Longleftrightarrow I_A(\omega)I_B(\omega)=1$．

(2)　$I_{A+B}(\omega)=1\Longleftrightarrow\omega\in A+B$

$\Longleftrightarrow(\omega\in A,\ \omega\notin B)$ 又は $(\omega\notin A,\ \omega\in B)$

$\Longleftrightarrow (I_A(\omega)=1,\ I_B(\omega)=0)$ 又は $(I_A(\omega)=0,\ I_B(\omega)=1)$

$\Longleftrightarrow I_A(\omega)+I_B(\omega)=1.$

(3) $1=I_\Omega=I_{A+A^c}=I_A+I_{A^c}.$

(4) $A\cup B=A+(B\setminus AB),\ B=AB+(B\setminus AB)$ として(2)を使う．

(5) (2)を $I_{AB}=I_A+I_B-I_{A\cup B}$ と読み直して使う．

(6) $I_{A\setminus B}=I_{AB^c}=I_AI_{B^c}=I_A(1-I_B),\ I_{B\setminus A}=I_B(1-I_A)$. $I_A=I_A^2,\ I_B=I_B^2$ である．

2．$I,\ J$ を区間とする．$-I\equiv\{-x|x\in I\}$ と定義すると，$-I$ も区間だから，仮定によって

$$\begin{aligned}P(-X\in I,\ Y\in J)&=P(X\in(-I),Y\in J)=P(X\in(-I))P(Y\in J)\\&=P(-X\in I)P(Y\in J).\end{aligned}$$

3．$X+Y$ がパラメーター $\nu=\lambda+\mu$ の Poisson 分布に従うので，

$$\begin{aligned}p_k&=P(X=k,X+Y=n)/P(X+Y=n)\\&=P(X=k)P(Y=n-k)/P(X+Y=n)\\&=\left[e^{-\lambda}\frac{\lambda^k}{k!}\cdot e^{-\mu}\frac{\mu^{n-k}}{(n-k)!}\right]\div e^{-\nu}\frac{\nu^n}{n!}={}_n\mathrm{C}_k\left(\frac{\lambda}{\nu}\right)^k\left(\frac{\mu}{\nu}\right)^{n-k}\end{aligned}$$

となる．

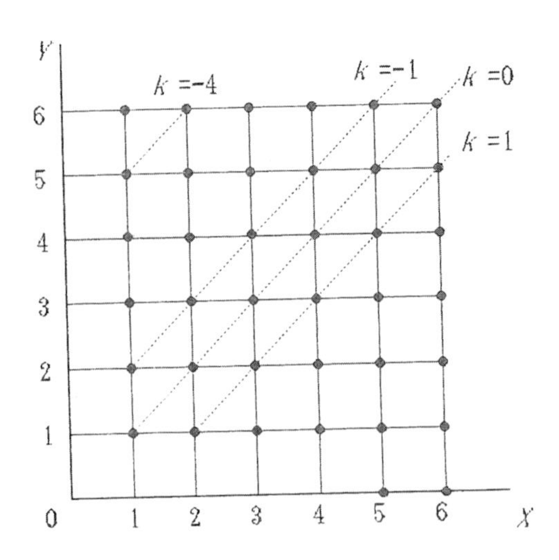

4．$P(X+Y=n)=P\left[\sum_{k=-\infty}^{\infty}\{X=k,\ \ Y=n-k\}\right]$

$$=\sum_{k=-\infty}^{\infty}P(X=k)P(Y=n-k).$$

5．(1)　$p_k=P(X-Y=k)$ を図から求めると

k	0	±1	±2	±3	±4	±5
p_k	6/36	5/36	4/36	3/36	2/36	1/36

(2)　$p_n\equiv P(X-Y=n)=\sum_{k=0}^{\infty}P(Y=k)P(X=n+k).$

$n\geqq0$ のとき，$p_n=\sum_{k=0}^{\infty}pq^k\cdot pq^{n+k}=p^2q^n\sum_{0}^{\infty}q^{2k}=pq^n/1+q.$

$n<0$ のとき，$P(X=n+k)=0$ $(k<-n)$ だから

$$p_n=\sum_{k=-n}^{\infty}pq^k\cdot pq^{n+k}=p^2q^n\sum_{-n}^{\infty}q^{2k}=pq^{-n}/1+q.$$

ゆえに，$p_n=pq^{|n|}/1+q$　　$(n=0,\pm1,\pm2,\cdots\cdots).$

練習問題　4

1．$0<x<a$ とする．$\psi=2\varphi$ とおいて，$\sin\psi_0=x/a\,(0<\psi_0<\pi/2)$ で ψ_0 を決める：$\psi_0=\sin^{-1}(x/a)$．ψ が $(0,\pi)$ 上に一様分布するので，図から

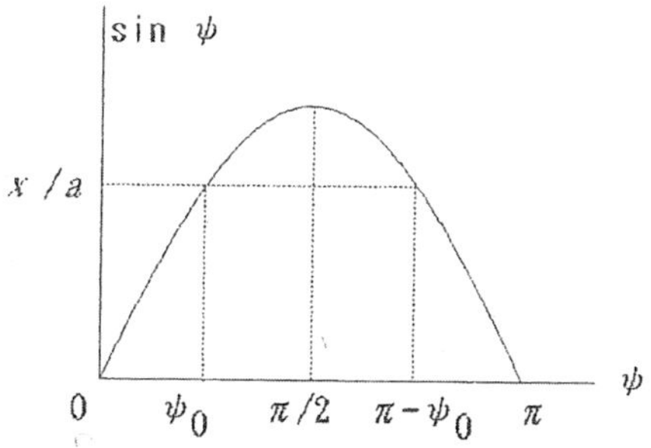

$$P(D\leqq x)=P\left(\sin\psi\leqq\frac{x}{a}\right)$$

$=P(\psi\leqq\psi_0)+P(\pi-\psi_0\leqq\psi<\pi)=2P(\psi\leqq\psi_0)$

$$=\frac{2}{\pi}\psi_0=\frac{2}{\pi}\sin^{-1}x/a.$$

分布密度 $=\left(\frac{2}{\pi}\sin^{-1}\frac{x}{a}\right)'=\frac{2}{\pi\sqrt{a^2-x^2}}$　　$(0<x<a).$

H の分布．$0<x<a/2$ とすると

$$P(H \leq x) = P\left(\sin\varphi \leq \sqrt{\frac{2x}{a}}\right) = P\left(\varphi \leq \sin^{-1}\sqrt{\frac{2x}{a}}\right)$$

$$= \frac{2}{\pi}\sin^{-1}\sqrt{\frac{2x}{a}}.$$

$$\text{分布密度} = \frac{1}{\pi}\sqrt{\frac{2}{ax-2x^2}}.$$

2．$(0,1)$ 上の一様分布の密度関数は $f(x)=1$（$0<x<1$ のとき），$f(x)=0$（$x\leq 0$ 又は $x\geq 1$ のとき）だから，

$$X+Y \text{ の密度関数：} g(x) = \int_0^1 f(x-y)f(y)dy = \int_0^1 f(x-y)dy$$

$$= \int_{x-1}^{x} f(t)dt.$$

$0<x\leq 1$ ならば，$g(x) = \int_0^x f(t)dt = \int_0^x dt = x$,

$1<x\leq 2$ ならば，$g(x) = \int_{x-1}^{1} f(t)dt = \int_{x-1}^{1} dt = 2-x$,

その他の x では $g(x)=0$ である．同様に，

$X+Y+Z=(X+Y)+Z$ の密度関数：

$$h(x) = \int_0^1 g(x-y)f(y)dy$$

$$= \begin{cases} x^2/2 & (0<x\leq 1) \\ 3/4-(x-3/2)^2 & (1\leq x\leq 2) \\ (x-3)^2/2 & (2\leq x<3). \end{cases}$$

3．(1) X，Y の結合分布密度を $f(x,y)$ とすると，

$$f(x,y)dxdy = \frac{1}{2\pi}e^{-(x^2+y^2)/2}dxdy = \frac{1}{2\pi}e^{-r^2/2}rdrd\theta,$$

$(x=r\cos\theta,\ y=r\sin\theta)$.

(i) $$P(X^2+Y^2\leq a) = \iint_{x^2+y^2\leq a} f(x,y)dxdy = \frac{1}{2\pi}\int_0^{\sqrt{a}}\int_0^{2\pi} e^{-r^2/2}rdrd\theta$$

$$= 1-e^{-a/2},\quad P((X^2+Y^2)\in da) = \frac{1}{2}e^{-a/2}da$$

$(a>0)$.

(ii) $P(R\leq a) = P(X^2+Y^2\leq a^2) = 1-e^{-a^2/2}$,

$P(R\in da) = ae^{-a^2/2}da$.

(iii) $P(\max\{X, Y\} \leq a) = P(X \leq a,\ Y \leq a) = P(X \leq a)P(Y \leq a)$

$$= \Phi(a)^2,$$

$$P(\max\{X, Y\} \in da) = 2\Phi(a)\phi(a)da.$$

(iv) $P(\min\{X, Y\} \leq a) = 1 - P(\min\{X, Y\} > a)$

$$= 1 - P(X > a, Y > a)$$

$$= 1 - (1 - \Phi(a))^2,$$

$$P(\min\{X, Y\} \in da) = 2(1 - \Phi(a))\phi(a)da.$$

(2) 写像 $(r, \theta) \to (x, y) = (r\cos\theta, r\sin\theta)$ によって $r\theta$ 平面上の区間—例えば—$[r_1, r_2] \times [\theta_1, \theta_2]$ $(0 < r_1 < r_2,\ 0 \leq \theta_1 < \theta_2 < 2\pi)$ が xy 平面上の集合 D に移されるとする．このとき，

$$P(r_1 \leq R \leq r_2, \theta_1 \leq \Theta \leq \theta_2) = P((X, Y) \in D) = \iint_D f(x, y)dxdy$$

$$= \frac{1}{2\pi}\int_{r_1}^{r_2}\int_{\theta_1}^{\theta_2} e^{-r^2/2} r dr d\theta$$

$$= (e^{-r_1^2/2} - e^{-r_2^2/2}) \times \frac{1}{2\pi}(\theta_2 - \theta_1).$$

$r_1 \downarrow 0$, $r_2 \uparrow \infty$ とすると，上式から，$P(\theta_1 \leq \Theta \leq \theta_2) = (\theta_2 - \theta_1)/2\pi$ となり，$\theta_1 = 0$, $\theta_2 \uparrow 2\pi$ とすると，$P(r_1 \leq R \leq r_2) = (e^{-r_1^2/2} - e^{-r_2^2/2})$ ((1)の(ii)からもでる) となるので，Θ の分布が $[0, 2\pi)$ 上の一様分布であり，また R と Θ が独立であることもわかる．

(3) uv 平面上の区間—例えば—$[u_1, u_2] \times [v_1, v_2]$ が写像 $(x, y) \to (u, v) = (x\cos\theta - y\sin\theta, x\sin\theta + y\cos\theta)$ の逆写像 $(u, v) \to (x, y) = (u\cos\theta + v\sin\theta, -u\sin\theta + v\cos\theta)$ によって xy 平面上の集合 D に移っているとする．重積分の変数変換の公式によって，

$$P(u_1 \leq U \leq u_2, v_1 \leq V \leq v_2) = P((X, Y) \in D) = \iint_D f(x, y)dxdy$$

$$= \int_{u_1}^{u_2}\int_{v_1}^{v_2} \frac{1}{2\pi} e^{-(x^2+y^2)/2} \left|\frac{\partial(x, y)}{\partial(u, v)}\right| dudv.$$

$x^2 + y^2 = u^2 + v^2$, $\partial(x, y)/\partial(u, v) = 1$ だから，上式より

$$P(u_1 \leq U \leq u_2, v_1 \leq V \leq v_2)$$

$$= \frac{1}{\sqrt{2\pi}}\int_{u_1}^{u_2} e^{-u^2/2}du \times \frac{1}{\sqrt{2\pi}}\int_{v_1}^{v_2} e^{-v^2/2}dv$$

が得られる．ここで，$v_1 \downarrow -\infty$, $v_2 \uparrow \infty$ とすると，上式から U の分布が $N(0, 1)$ であるることがわかる．V についても同様である．この

ことから，上式が

$$P(u_1 \leq U \leq u_2, v_1 \leq V \leq v_2) = P(u_1 \leq U \leq u_2) P(v_1 \leq V \leq v_2)$$

とかけるので，U と V は独立である．

4．任意の実数 x に対して，仮定により，事象 $\{X \leq x\}$ が自分自身と独立であるから

$$F(x) \equiv P(X \leq x) = P(X \leq x, X \leq x) = P(X \leq x)^2 = F^2(x).$$

ゆえに，$F(x)=0$ または 1 である．$F(\infty)=1$ だから $F(x)=1$ となる x がある．このような x の最小値を c とすると，$x<c$ ならば $F(x)=0$ となるので，$P(X=c)=F(c)-F(c-)=1-0=1$，すなわち，$X=c$ (a.s.) である．c の存在．$F(-\infty)=0$ だから，集合 $E=\{x|F(x)=1\}$ が下に有界なので，下限 $c=\inf E$ が存在する．c に対して E の点列 x_n で，$x_n \geq c$，$x_n \downarrow c$ となるものがある．従って，$F(x)$ が右連続なことから，$F(c)=\lim F(x_n)=1$．ゆえに，$c \in E$．すなわち，c は E の最小数である．($F(x)$ は非減少だから，$E=[c, \infty)$ である．)

5．$F(x)$ を各問ごとの分布関数とする．

(1)　$F(x)=0$ $(x<0)$，$F(x)=1$ $(x \geq 0)$ より　$m=0$．

(2)　$F(x)$ は点 $1, 2, \cdots\cdots, 6$ で高さ $1/6$ の飛躍をする階段関数である．$F(3-)=1/3$，$F(3)=F(4-)=1/2<2/3=F(4)$ だから，区間 $[3, 4]$ の点のすべてが中央値である．

(3)　$F(x)=\dfrac{1}{\pi}\displaystyle\int_{-\infty}^{x}\dfrac{dx}{1+x^2}$ は x の狭義増加関数で，$F(0)=1/2$ だから，$m=0$．

(4)　$F(x)=1-e^{-\lambda x}$ $(x>0)$ より，$F(m)=1/2 \Longleftrightarrow m=\log 2/\lambda$．

練習問題　5

1．(1)　$E(Z)=0$，$V(Z)=V(X/\sigma)=V(X)/\sigma^2=1$．

(2)

(i)　$\mu=\displaystyle\int_0^a x\frac{dx}{a}=\frac{a}{2}$，$E(X^2)=\displaystyle\int_0^a x^2\frac{dx}{a}=\frac{a^2}{3}$，$\sigma^2=\dfrac{a^2}{3}-\left(\dfrac{a}{2}\right)^2=\dfrac{a^2}{12}$．

ゆえに，$-\sqrt{3} \leq Z \leq \sqrt{3}$ である．

X の分布関数 $F(x)$ が，$F(x)=x/a$ $(0 \leq x \leq a)$ であるから，

Z の分布密度は，

$$\frac{d}{dx}P(Z \leq x)=\frac{d}{dx}P\left(X \leq \frac{a}{2}+\frac{a}{2\sqrt{3}}x\right)=\frac{1}{2\sqrt{3}} \qquad (-\sqrt{3}<x<\sqrt{3})$$

となる．ゆえに，Z の分布は $[-\sqrt{3}, \sqrt{3}]$ 上の一様分布．

(ii) $\mu=1/\lambda$, $\sigma^2=1/\lambda^2$ と $X \geq 0$ より $Z \geq -1$ である．X の分布関数が，$F(x)=1-e^{-\lambda x}(x>0)$ であるから，Z の分布密度は，$x>-1$ のとき

$$\frac{d}{dx}P(Z \leq x)=\frac{d}{dx}P\left(X \leq \frac{1}{\lambda}+\frac{x}{\lambda}\right)=F\left(\frac{1}{\lambda}+\frac{x}{\lambda}\right)'=e^{-(x+1)}.$$

2．$p_k \equiv P(|X-Y|=k)$ を求めると（練習問題3．5番(1)）

k	0	1	2	3	4	5
p_k	6/36	10/36	8/36	6/36	4/36	2/36

これから，平均値 $=35/18$，分散 $=665/324$．

3．$X+Y \in B(n+m, p)$ とすると

$E(X+Y)=E(X)+E(Y)$ より，$(n+m)p=np_1+mp_2$. ……①

$V(X+Y)=V(X)+V(Y)$ より，

$(n+m)p(1-p)=np_1(1-p_1)+mp_2(1-p_2)$. ……②

①を考慮すると，②から $(n+m)p^2=np_1^2+mp_2^2$ が得られるので，①より $p=(np_1+mp_2)/(n+m)$ としてこの左辺に代入すると，$p_1=p_2$ $(=p)$ がでる．

4．$A=\{|X|>\varepsilon\}$ とおくと，$\omega \in A$ ならば $|X(\omega)|>\varepsilon$, $I_A(\omega)=1$ より $|X(\omega)|>\varepsilon I_A(\omega)$. $\omega \notin A$ ならば $I_A(\omega)=0$ より $|X(\omega)| \geq \varepsilon I_A(\omega)$. ゆえに $|X(\omega)| \geq \varepsilon I_A(\omega)$ $(\omega \in \Omega)$. 従って，$E(|X|) \geq \varepsilon E(I_A)=\varepsilon P(A)$ である．

5．(1) F を X の分布関数とし，ε を任意の正数とすると，4番より，$F(\varepsilon)=P(X \leq \varepsilon)=1-P(X>\varepsilon) \geq 1-(E(X)/\varepsilon)=1$. ゆえに，$P(X=0)=F(0)-F(0-)=\lim_{\varepsilon \to 0}(F(\varepsilon)-F(-\varepsilon))=1$.

($x<0$ のとき，$F(x)=0$ である．)

(2) X の平均を μ とする．$(X-\mu)^2\geq 0$，$V(X)=E[(X-\mu)^2]=0$ だから，(1)によって，$P(X=\mu)=1$.

練習問題 6

1．(1) $(1-s)Q(s)=\sum_{k=0}^{\infty} q_k s^k-\sum_{k=0}^{\infty} q_k s^{k+1}=q_0+\sum_{k=1}^{\infty}(q_k-q_{k-1})s^k$

$$=1-p_0-\sum_{k=1}^{\infty} p_k s^k=1-P(s).$$

(2) $E(X)=P'(1)$，$V(X)=P''(1)+P'(1)-P'(1)^2$ を $Q(1)$，$Q'(1)$ で表せ．

2．(1) 練習問題1の2番より，3人でじゃんけんをするとき，1回で1人が勝ち残る確率，2人が勝ち残る確率，あいこの確率はすべて1/3である．n 回目に1人が勝ち残る確率 $p_n=P(X=n)$ は，(i) $n-1$ 回まではあいこで，n 回目に1人が残る確率 $(1/3)^{n-1}\cdot 1/3$ と，(ii) $k-1$ 回まであいこで k 回目に2人が残り，$k+1\sim n-1$ 回までは毎回あいこ（その確率は1/3）で，n 回目に2人の中の1人が勝つ（その確率は2/3）確率の $k=1,2,\cdots,n-1$ についての和であるから

$$p_n=\left(\frac{1}{3}\right)^{n-1}\cdot\left(\frac{1}{3}\right)+\sum_{k=1}^{n-1}\left(\frac{1}{3}\right)^{k-1}\cdot\frac{1}{3}\cdot\left(\frac{1}{3}\right)^{n-k-1}\cdot\frac{2}{3}=\frac{2n-1}{3^n}$$

ゆえに，X の母関数を $P(s)$ とすると，

$$P(s)=\sum_{n=1}^{\infty}\frac{2n-1}{3^n}s^n=\frac{2s}{3}\sum_{n=1}^{\infty}n\left(\frac{s}{3}\right)^{n-1}-\sum_{n=1}^{\infty}\left(\frac{s}{3}\right)^n=\frac{s^2+3s}{(s-3)^2},$$

$$E(X)=P'(1)=9/4.$$

(2) $q_n=P(X>n)=p_{n+1}+p_{n+2}+\cdots$ の和を求めるか，または q_n の母関数を $Q(s)$ とおくと，1番の(1)より

$$Q(s)=\frac{1-P(s)}{1-s}=\left(1-\frac{s}{3}\right)^{-2}=\sum_{n=0}^{\infty}\frac{n+1}{3^n}s^n$$

だから，$q_n=(n+1)/3^n$ である．

3．例6．4より，S_N の母関数を $F(s)$ とおくと，$F(s)=G_N(G_{X_1}(s))$.
ゆえに，

$$E(S_N)=F'(1)=G_N'(G_{X_1}(1))G_{X_1}'(1)=E(N)E(X_1).$$

4．$N=$ サイコロの目の数，$X_k=1$（k 回目が表），$X_k=0$（k 回目が裏）という確率変数を考えると，$X=X_1+\cdots+X_N=S_N$ である．ゆえに，

$$G_N(s)=\frac{1}{6}(s+\cdots+s^6)=\frac{1}{6}\frac{s-s^7}{1-s},\quad G_{X_1}(s)=\frac{1}{2}(1+s),$$

$G_X(s)=G_N(G_{X_1}(s))$ より，

$$E(X)=G_X'(1)=G_N'(1)G_{X_1}'(1)=E(N)E(X_1)=\frac{7}{2}\cdot\frac{1}{2}=\frac{7}{4}.$$

$$G_X(s)=G_N\left(\frac{1+s}{2}\right)=\frac{1}{384}(64-(1+s)^6)(1+s)(1-s)^{-1}$$

$$=\frac{1}{384}(63-6s-15s^2-20s^3-15s^4-6s^5-s^6)(1+2s+2s^2+\cdots+2s^6+\cdots).$$

$p_k\equiv P(X=k)$ は $G_X(s)$ の s^k の係数だから，上式より

k	0	1	2	3	4	5	6
$384\times p_k$	63	120	99	64	29	8	1

が得られる．

5．X のモーメント母関数 M_X を求めると，

$$M_X(s)=\prod_{k=1}^{n}E(e^{sa_kX_k})=\prod_k\exp(a_k\mu_ks+a_k^2\sigma_k^2s^2/2)$$

$$=e^{\mu s+\sigma^2s^2/2},\quad \mu=\sum_k a_k\mu_k,\quad \sigma^2=\sum_k a_k^2\sigma_k^2.$$

ゆえに，$X\in N(\mu,\ \sigma^2)$．

練習問題　7

1．大数の強法則により，$n\to\infty$ のとき，$H_n/n\to p$，$T_n/n\to q$　(a.s.)．ゆえに

(1)　$\lim H_n=\infty$，$\lim T_n=\infty$　(a.s.)．

(2)　$\lim\dfrac{H_n}{T_n}=\lim\dfrac{H_n/n}{T_n/n}=\dfrac{p}{q}$　(a.s.)．

(3)　$T_n=n-H_n$，$p-q=2p-1$ より

$$P\left(p-q-\varepsilon<\frac{H_n-T_n}{n}<p-q+\varepsilon\right)=P\left(\left|\frac{H_n}{n}-p\right|<\frac{\varepsilon}{2}\right)$$

$$=1-P\left(\left|\frac{H_n}{n}-p\right|\geq\frac{\varepsilon}{2}\right)=1-P\left(\left|\frac{H_n}{n}-p\right|^2\geq\frac{\varepsilon^2}{4}\right)$$

$$\geq 1-\frac{4}{\varepsilon^2}E\left(\frac{H_n}{n}-p\right)^2 \qquad \text{(問題 5 . 4 より)}$$

$$=1-\frac{4}{\varepsilon^2}V\left(\frac{H_n}{n}\right)=1-\frac{4}{\varepsilon^2}\frac{pq}{n}\to 1 \qquad (n\to\infty)\text{ となるから.}$$

2. ランダムにとった点 $P_1, \cdots, P_n$ に対して，$X_k=I_D(P_k)=1\,(P_k\in D$ のとき)，$=0$ ($P_k\notin D$ のとき) とおくと，

$$\lim\frac{n(D)}{n}=\lim\frac{X_1+\cdots+X_n}{n}=E(X_1)=\frac{|D|}{|R|}=\frac{\pi}{4} \qquad \text{(a.s.).}$$

3. $D_n=\dfrac{1}{2}\displaystyle\sum_{i,j=1}^{n}(X_i-X_j)^2=\frac{1}{2}\left(n\sum_i X_i^2+n\sum_j X_j^2-2\sum_{i,j}X_iX_j\right)$

$=n\sum_i X_i^2-\left(\sum_i X_i\right)^2$. ゆえに，

$$\lim_n\frac{D_n}{n^2}=\lim_n\left[\frac{X_1^2+\cdots+X_n^2}{n}-\left(\frac{X_1+\cdots+X_n}{n}\right)^2\right]=E(X_1^2)-E(X_1)^2$$

$$=V(X_1^2)=\sigma^2.$$

4. (1) $Z_n=(X_1+\cdots+X_n)/n$ とおくと，$Z_n\in N(0,1/n)$ だから，

$$\alpha_n\equiv P(a\leq Z_n\leq b)=\sqrt{\frac{n}{2\pi}}\int_a^b e^{-nx^2/2}dx=\frac{1}{\sqrt{2\pi}}\int_{a\sqrt{n}}^{b\sqrt{n}}e^{-t^2/2}dt.$$

$0<a<b$ ($a<b<0$) ならば，$a\sqrt{n}$，$b\sqrt{n}\to\infty$ ($-\infty$) より $\alpha_n\to 0$，

$a<0<b$ ならば，$a\sqrt{n}\to-\infty$，$b\sqrt{n}\to\infty$ より $\alpha_n\to 1$，

$0=a<b$ ($a<b=0$) ならば，$\alpha_n\to 1/2$.

(2) 単位分布の分布関数を $F(x)$ とすると，$F(x)=0\,(x<0)$，$F(x)=1$ ($x\geq 0$) であって，その不連続点は $x=0$ だけである．(1)によって，Z_n の分布関数 $F_n(x)$ は，$F(x)$ の連続点 $x\neq 0$ で $F(x)$ に収束している．

5． 4 番の解答から，

$0\leq a<b$ のとき．$\alpha_n=\dfrac{1}{\sqrt{2\pi}}\displaystyle\int_{a\sqrt{n}}^{b\sqrt{n}}e^{-t^2/2}dt\leq\frac{1}{\sqrt{2\pi}}e^{-na^2/2}(b-a)\sqrt{n}.$

さらに，$a<a+\varepsilon<b$ なる $\varepsilon>0$ をとると，

$$\alpha_n \geq \frac{1}{\sqrt{2\pi}}\int_{a\sqrt{n}}^{(a+\varepsilon)\sqrt{n}} e^{-t^2/2}dt \geq \frac{1}{\sqrt{2\pi}} e^{-(a+\varepsilon)^2 n/2}\cdot\varepsilon\sqrt{n}$$

ゆえに，

$$\frac{1}{n}\log \alpha_n \leq \frac{1}{n}\left[-\log\sqrt{2\pi}-\frac{na^2}{2}+\log(b-a)\sqrt{n}\right]$$

$$\geq \frac{1}{n}\left[-\log\sqrt{2\pi}-\frac{(a+\varepsilon)^2 n}{2}+\log \varepsilon\sqrt{n}\right]$$

$n\to\infty$ のとき，上の不等式の右辺は，それぞれ $-a^2/2$，$-(a+\varepsilon)^2/2$ に収束する．ε は任意に小さくとれるので

$$\lim_n \frac{1}{n}\log \alpha_n = -\frac{a^2}{2} = -\min_{a\leq x\leq b}\left(\frac{x^2}{2}\right)$$

となる．$a<b\leq 0$ のときも同様である．$a<0<b$ のときは，$\alpha_n\to 1$ だから

$(\log \alpha_n)/n\to 0=-\min_{a\leq x\leq b}(x^2/2)$。

練習問題　8

1．(1)　$f(x)=\dfrac{d}{dx}P(-\sqrt{x}\leq X\leq\sqrt{x})=\dfrac{d}{dx}\left[\dfrac{2}{\sqrt{2\pi}}\displaystyle\int_0^{\sqrt{x}} e^{-t^2/2}dt\right]$

$$=\frac{1}{\sqrt{2\pi x}}e^{-x/2} \qquad (x>0).$$

(2)　$E[e^{itX^2}]=\dfrac{1}{\sqrt{2\pi}}\displaystyle\int_{-\infty}^{\infty} e^{itx^2}e^{-x^2/2}dx=\int_0^{\infty} e^{itx}\dfrac{1}{\sqrt{2\pi x}}e^{-x/2}dx$．ゆえに，

$f(x)=e^{-x/2}/\sqrt{2\pi x} \qquad (x>0)$，$f(x)=0 \qquad (x<0)$.

2．(1)　$q=\lambda/n$，$p=1-\lambda/n$ より

$$p_k^{(n)}=\frac{\lambda^k}{k!}\left(1-\frac{\lambda}{n}\right)^n\left(1+\frac{k-1}{n}\right)\left(1+\frac{k-2}{n}\right)\cdots\left(1+\frac{1}{n}\right)\to\frac{\lambda^k}{k!}e^{-\lambda}$$

$$(n\to\infty).$$

(2)　分布 $\{p_k^{(n)}\}$ の特性関数を $\varphi_n(t)$ とする．${}_{n+k-1}\mathrm{C}_k=(-1)^k\dbinom{-n}{k}$ だから，$n\to\infty$ のとき，

$$\varphi_n(t)=\sum_{k=0}^{\infty} e^{itk}\binom{-n}{k}p^n(-q)^k=p^n(1-qe^{it})^{-n}$$

$=(1-\lambda/n)^n(1-\lambda e^{it}/n)^{-n}$

$\to\exp[-\lambda(1-e^{it})]=$Poisson 分布 $P(\lambda)$ の特性関数.

3．(1) $E(e^{itX})=\sum_{k=0}^{\infty}e^{itk}pq^k=p/(1-qe^{it})$. ゆえに

$\varphi(t)=E(e^{itX})E(e^{-itY})=p^2/(1-qe^{it})(1-qe^{-it})$,

$\varphi(2k\pi)=p^2/(1-q)^2=1$.

(2) $0=1-\varphi(a)=E(1-e^{iaZ})=E[(1-\cos aZ)]-iE(\sin aZ)$ より，右辺の実数部分 $E[(1-\cos aZ)]=0$. $1-\cos aZ\geq 0$ であるから，問題5.5によって，$\cos aZ=1$ (a.s.). 従って，$Z=2k\pi/a$ ($k=0$, ±1, …) (a.s.) である.

4．(1) 仮定より，$\varphi(t)=0$ または 1 である. $\varphi(0)=1$ で $\varphi(t)$ が連続であるから $\varphi(t)=1$ ($\forall t$) である. 結論は，単位分布の特性関数が恒等的に1に等しいことと一意性定理による.

(2) $\overline{\varphi(t)}=\overline{\int_{-\infty}^{\infty}e^{itx}f(x)dx}=\int_{-\infty}^{\infty}e^{-itx}f(x)dx=\int_{-\infty}^{\infty}e^{itx}f(-x)dx$

であるから，

$$\varphi(t)\in\boldsymbol{R}\Longleftrightarrow\varphi(t)=\overline{\varphi(t)}\Longleftrightarrow\int_{-\infty}^{\infty}e^{itx}f(x)dx=\int_{-\infty}^{\infty}e^{itx}f(-x)dx$$

$$\Longleftrightarrow f(x)=f(-x)\qquad\text{(一意性定理)}.$$

5．(1) $P(Y/X\leq u)=\frac{1}{2\pi ab}\iint_{y/x\leq u}\exp\left(-\frac{x^2}{2a^2}-\frac{y^2}{2b^2}\right)dxdy=\frac{1}{2\pi ab}\Big[\int_{-\infty}^{0}\exp\left(-\frac{x^2}{2a^2}\right)dx\int_{ux}^{\infty}\exp\left(-\frac{y^2}{2b^2}\right)dy+\int_0^{\infty}\exp\left(-\frac{x^2}{2a^2}\right)dx\int_{-\infty}^{ux}\exp\left(-\frac{y^2}{2b^2}\right)dy\Big]$ より，

$$f(u)\equiv\frac{d}{du}P(Z\leq u)=\frac{1}{2\pi ab}\Big[-\int_{-\infty}^{0}\exp\left\{-\left(\frac{1}{2a^2}+\frac{u^2}{2b^2}\right)x^2\right\}xdx+\int_0^{\infty}\exp\left\{-\left(\frac{1}{2a^2}+\frac{u^2}{2b^2}\right)x^2\right\}xdx\Big]=\frac{1}{\pi ab}\int_0^{\infty}\exp\left\{-\left(\frac{1}{2a^2}+\frac{u^2}{2b^2}\right)x^2\right\}xdx=\frac{1}{\pi}\frac{c}{c^2+u^2}\qquad(c=b/a).$$

(2) $Z\in C(c)$ だから，特性関数は $E(e^{itZ})=e^{-c|t|}$. 一方，

$$e^{-c|t|}=E(e^{itY/X})=\frac{1}{2\pi ab}\int_{-\infty}^{\infty}\int_{-\infty}^{\infty}e^{ity/x}\exp\left(-\frac{x^2}{2a^2}-\frac{y^2}{2b^2}\right)dxdy$$

$$=\frac{1}{\sqrt{2\pi}\,a}\int_{-\infty}^{\infty}\exp\left(-\frac{x^2}{2a^2}\right)dx\int_{-\infty}^{\infty}e^{ity/x}\frac{1}{\sqrt{2\pi}\,b}\exp\left(-\frac{y^2}{2b^2}\right)dy^{(*)}$$

$$=\frac{1}{\sqrt{2\pi}\,a}\int_{-\infty}^{\infty}\exp\left(-\frac{x^2}{2a^2}-\frac{b^2t^2}{2x^2}\right)dx.$$

ゆえに，$t=1$ とおくと

$$\int_{-\infty}^{\infty}\exp\left(-\frac{x^2}{2a^2}-\frac{b^2}{2x^2}\right)dx=\sqrt{2\pi}\,ae^{-c}=\sqrt{2\pi}\,ae^{-b/a}$$

が得られる。((＊)のところで，分布 $N(0, b^2)$ の特性関数の形を使った。)

練習問題 9

1．S_n＝“n 回投げるとき，表の出る回数”とし，$n=10000$ とおく。$E(S_n)=5000$, $V(S_n)=2500$ だから，

$$P(4900\leq S_n\leq 5100)=P\left(-2\leq\frac{S_n-E(S_n)}{\sqrt{V(S_n)}}\leq 2\right)\approx 2\int_0^2\phi(x)dx\fallingdotseq 0.95.$$

2．$P\left(\left|\frac{S_n}{n}-p\right|<\varepsilon\right)=P\left(\left|\frac{S_n-np}{\sqrt{npq}}\right|<\varepsilon\sqrt{\frac{n}{pq}}\right)\approx 2\int_0^{\varepsilon\sqrt{n/pq}}\phi(x)dx\geq 0.95$ より $\varepsilon\sqrt{n/pq}\geq 2$ であればよい。$n\fallingdotseq 4pq/\varepsilon^2$.

3．(1) Chebyshev の不等式により

$$P\left(\frac{|X_1+\cdots+X_n|}{n^{\frac{1}{2}+\varepsilon}}>a\right)\leq\frac{1}{a^2n^{1+2\varepsilon}}V(X_1+\cdots+X_n)=\frac{1}{a^2n^{2\varepsilon}}\to 0$$

$$(n\to\infty).$$

(2) $an^{-\varepsilon}\to 0$ だから，任意の正数 δ に対して n_0 を適当にとると，$n\geq n_0$ ならば，$an^{-\varepsilon}<\delta$ となる。このとき，

$$P\left(\frac{|X_1+\cdots+X_n|}{n^{\frac{1}{2}-\varepsilon}}>a\right)=P\left(\frac{|X_1+\cdots+X_n|}{\sqrt{n}}>an^{-\varepsilon}\right)\geq$$

$P\left(\frac{|X_1+\cdots+X_n|}{\sqrt{n}}>\delta\right)\approx 2\int_{\delta}^{\infty}\phi(x)dx$. この値が $\delta\downarrow 0$ のとき 1 になることから結論がでる。

4．(1)　$E(e^{itX_k})=\int_{-1}^{1}e^{itx}\frac{1}{2}dx=\frac{\sin t}{t}$，$E(X_k)=0$，$V(X_k)=1/3$ より，

$$\varphi_n(t)=E\left[\exp\left(it\sqrt{\frac{3}{n}}S_n\right)\right]=\left(\sin t\sqrt{\frac{3}{n}}\Big/ t\sqrt{\frac{3}{n}}\right)^n.$$

(2)　中心極限定理より $\varphi_n(t)\to e^{-t^2/2}\,(n\to\infty)$ となるので，$t=a/\sqrt{3}$ とればよい．

5．$E(X_k)=V(X_k)=1$ であり，$X_1+\cdots+X_{n+1}$ の分布はガンマ分布 $f(x\,;\,1,n+1)=x^ne^{-x}/n!$ であるから

$$\frac{1}{n!}\int_0^n x^ne^{-x}dx=P(X_1+\cdots+X_{n+1}\leq n)$$
$$=P\left(\frac{X_1+\cdots+X_{n+1}-(n+1)}{\sqrt{n+1}}\leq-\frac{1}{\sqrt{n+1}}\right)\approx\int_{-\infty}^{0}\phi(x)dx=\frac{1}{2}.$$

練習問題　10

1．2人が格子点 (x,y) で出会ったとする．このとき，B が左方に x' 回，下方に y' 回進んだとすると，$x+x'=n$，$y+y'=n$．また，2人が進んだ回数は n だから，$x+y=x'+y'=n$．ゆえに，A，B が遭遇点 (x,y) に到達する確率は，それぞれ ${}_n\mathrm{C}_x/2^n$，${}_n\mathrm{C}_{x'}/2^n={}_n\mathrm{C}_x/2^n$ であるから，求める確率は，$\sum_{x=0}^{n}({}_n\mathrm{C}_x)^2/2^{2n}={}_{2n}\mathrm{C}_n/2^{2n}$．

2．$p>q$ ならば，$S_n\to\infty$ だから点 b に到達する．$q>p$ ならば点 a に到達する．$p=q$ のときは，(10.32) により，点 a にも点 b にも到達する．

3．S_n が原点に戻らなければ，原点からの脱出に成功，戻れば脱出に失敗というように考えよう．このとき，成功の確率は，(10.22) によって，f_∞ である．N は失敗の回数を表すから，その分布は幾何分布である：$P(N=k)=(1-f_\infty)^kf_\infty$．ゆえに，$E(N)=(1-f_\infty)/f_\infty=-1+1/|p-q|$．

［別解］　原点の特性関数を $I_0(x)$ とする：$I_0(0)=1$，$I_0(x)=0\,(x\neq0)$．このとき，$N=\sum_1^\infty I_0(S_n)$．ゆえに，

$$E(N)=\sum_{n=1}^{\infty} E[I_0(S_n)]=\sum_{1}^{\infty} P(S_n=0)=\sum_{1}^{\infty} u_n.$$

$\{u_n\}_0^\infty$ の母関数は，$U(s)=(1-4pqs^2)^{-1/2}$ で，$u_0=1$ だから，$E(N)=U(1)-1=(1-4pq)^{-1/2}-1=-1+1/|p-q|$.

4. $T_0=2n$ となるのは，原点から出て第1歩で点1に行き(確率 1/2)，そこから $2n-1$ 歩で原点に到達する(確率 f_{2n} (10.31))か，第1歩で点 -1 に行き，そこから $2n-1$ 歩で原点に到達する (確率 f_{2n}) かのどちらかのときである．ゆえに

$$P(T_0=2n)=\frac{1}{2}f_{2n}+\frac{1}{2}f_{2n}=f_{2n}=\frac{1}{2n-1}\binom{2n}{n}\frac{1}{2^{2n}}.$$

5. (1) 行列 P の固有方程式 $\begin{vmatrix}\alpha-\lambda & 1-\alpha \\ 1-\beta & \beta-\lambda\end{vmatrix}=\lambda^2-(\alpha+\beta)\lambda+\alpha+\beta-1=0$ より，固有値 $\lambda_1=1$, $\lambda_2=\alpha+\beta-1$. $0<\alpha+\beta<2$ だから，$|\lambda_2|<1$ である．

(2) λ_1, λ_2 の固有ベクトルとして，${}^t[1,1]$, ${}^t[1-\alpha, -(1-\beta)]$ をとると，

$$P=\begin{bmatrix}1 & 1-\alpha \\ 1 & -(1-\beta)\end{bmatrix}\begin{bmatrix}\lambda_1 & 0 \\ 0 & \lambda_2\end{bmatrix}\begin{bmatrix}1 & 1-\alpha \\ 1 & -(1-\beta)\end{bmatrix}^{-1},$$

$$\lim_n P^n=\frac{1}{2-\alpha-\beta}\begin{bmatrix}1-\beta & 1-\alpha \\ 1-\beta & 1-\alpha\end{bmatrix}.$$

ゆえに，

$$\lim_n[p_1^{(n)}, p_2^{(n)}]=[p_1, p_2]\lim_n P^{n-1}=\frac{1}{2-\alpha-\beta}[1-\beta, 1-\alpha],$$

$$\pi_1=(1-\beta)/(2-\alpha-\beta),\quad \pi_2=(1-\alpha)/(2-\alpha-\beta).$$

(3) $p_1=\pi_1$, $p_2=\pi_2$ ととると

$$[p_1^{(n)}, p_2^{(n)}]=[\pi_1, \pi_2]P^{n-1}=\lim_k[p_1^{(k)}, p_2^{(k)}]\cdot P^{n-1}$$

$$=[\lim_k[\pi_1, \pi_2]P^{k-1}]\cdot P^{n-1}=[\pi_1, \pi_2]\lim_k P^{k+n-2}=[\pi_1, \pi_2].$$

付　　　録

1．多次元分布

A．結合分布関数

確率変数 X，Y の結合分布関数を

(1)
$$F(x,y)=F_{XY}(x,y)\equiv P(X\leq x,\ Y\leq y)$$

で定義する．

$y_n\uparrow\infty$ ならば，$\{Y\leq y_n\}\uparrow\Omega$，$\{X\leq x,\ Y\leq y_n\}\uparrow\{X\leq x\}$ であるから，確率の連続性によって

$$F(x,\infty)\equiv\lim_{y\to\infty}F(x,y)=P(X\leq x)$$

となる．従って，

(2)
$$\begin{cases}F(x,\infty)=F_X(x):\ X\ \text{の分布関数}\\ F(\infty,y)=F_Y(y):\ Y\ \text{の分布関数}\end{cases}$$

である．分布 F_X，F_Y を結合分布 F の**周辺分布**とよぶ．

同様に，

$$F(\infty,\infty)\equiv\lim_{x\to\infty,y\to\infty}F(x,y)=1,$$

$$F(-\infty,y)\equiv\lim_{x\to-\infty}F(x,y)=0,\quad F(x,-\infty)\equiv\lim_{y\to-\infty}F(x,y)=0.$$

B．結合密度関数

X，Y の結合分布関数 $F(x,y)$ が

(3)
$$F(x,y)=\int_{-\infty}^{x}\int_{-\infty}^{y}f(u,v)dudv$$

とかけていれば，$f(u, v)$ は次を満たす：

(4) $$\int_{-\infty}^{\infty}\int_{-\infty}^{\infty} f(u, v)\,du\,dv=1,\quad f(u, v)\geq 0$$

(5) $$f(x, y)=f_{XY}(x, y)=\frac{\partial^2 F}{\partial x\partial y}(x, y)$$

$f(x, y)$ を X，Y の結合密度関数という．また，一般に，(4)の2条件をみたす関数 $f(x, y)$ を2次元確率密度関数とよぶ．

(3)で $y\to\infty$ とすると

(6) $$\begin{cases} F_X(x)=\displaystyle\int_{-\infty}^{x}\int_{-\infty}^{\infty} f(u, v)\,du\,dv=\int_{-\infty}^{x} f_X(u)\,du \\ f_X(u)\equiv\displaystyle\int_{-\infty}^{\infty} f(u, v)\,dv \end{cases}$$

となる．$f_Y(y)$，$F_Y(v)$ についても同様である．

確率変数の独立の定義から次が得られる．

(7)　X と Y が独立 $\Longleftrightarrow F(x, y)=F_X(x)F_Y(y)$

$\Longleftrightarrow f(x, y)=f_X(x)f_Y(y)$（密度関数があるとき）

n 個の確率変数 X_1，…，X_n の結合分布関数，結合密度関数も，$n=2$ の場合と同様に定義する：

$$F(x_1, \cdots, x_n)\equiv P(X_1\leq x_1, \cdots, X_n\leq x_n),$$
$$=\int_{-\infty}^{x_1}\cdots\int_{-\infty}^{x_n} f(u_1, \cdots, u_n)\,du_1\cdots du_n$$

等．また，$X_1, \cdots, X_n$ の結合密度関数が $f(x_1, \cdots, x_n)$ であることを

(8) $$P(X_1\in dx_1, \cdots, X_n\in dx_n)=f(x_1, \cdots, x_n)\,dx_1\cdots dx_n$$

と表す．$\varDelta x_1, \cdots, \varDelta x_n$ が微小ならば

$$P(x_1\leq X_1\leq x_1+\varDelta x_1, \cdots, x_n\leq X_n\leq x_n+\varDelta x_n)\approx f(x_1, \cdots, x_n)\varDelta x_1\cdots\varDelta x_n$$

である．

例1．（多項分布） ある試行の結果が，$E_1, \cdots, E_r$ の r 個あって，E_i の起こる確率が p_i $(p_1+\cdots+p_r=1)$ であるとする．この試行を n 回繰り返すとき，E_i が実現する回数を X_i とすると

$$P(X_1=n_1, \cdots, X_r=n_r)=\frac{n!}{n_1!\cdots n_r!}p_1^{n_1}\cdots p_r^{n_r}\qquad(n_1+\cdots+n_r=n)$$

である．$X_1, \cdots, X_r$ の結合分布関数 $F(x_1, \cdots, x_r)$ は，この確率を $n_1\leq$

$x_1, \cdots, n_r \leq x_r$（ただし，$n_1 + \cdots + n_r = n$）を満たす組$(n_1, \cdots, n_r)$のすべてについて加えたものである．上式右辺は，$(p_1 + \cdots + p_r)^n$ を多項定理で展開したときの一般項で，この分布を多項分布という．$r=2$ の場合が二項分布である．

例 2（2 次元正規分布）

$\mu_1, \mu_2 \in \boldsymbol{R}$，$\sigma_1, \sigma_2 > 0$，$-1 < \rho < 1$ として

$$f(x, y) \equiv \frac{1}{2\pi\sigma_1\sigma_2\sqrt{1-\rho^2}} e^{-Q/2}, \tag{9}$$

$$Q \equiv Q(x, y) \equiv \frac{1}{1-\rho^2}\left[\left(\frac{x-\mu_1}{\sigma_1}\right)^2 - 2\rho\left(\frac{x-\mu_1}{\sigma_1}\right)\left(\frac{y-\mu_2}{\sigma_2}\right) + \left(\frac{y-\mu_2}{\sigma_2}\right)^2\right]$$

とおく．$f(x, y)$ は確率密度関数で，その周辺分布は正規分布 $N(\mu_1, \sigma_1^2)$，$N(\mu_2, \sigma_2^2)$ である．$f(x, y)$ の定める分布を 2 次元正規分布とよぶ．

$f(x, y)$ が密度関数であるための(4)の条件を確かめよう．正規分布 $N(\mu, \sigma^2)$ の密度関数を

$$g(x\,;\,\mu, \sigma^2) = \frac{1}{\sqrt{2\pi}\,\sigma} e^{-(x-\mu)^2/2\sigma^2}$$

で表そう．$u = (x-\mu_1)/\sigma_1$，$v = (y-\mu_2)/\sigma_2$ と置いて $f(x, y)$ を書き直すと，

$$Q = \frac{1}{1-\rho^2}(u^2 - 2\rho uv + v^2) = \frac{1}{1-\rho^2}[(1-\rho^2)u^2 + (v-\rho u)^2]$$

$$= u^2 + \frac{(v-\rho u)^2}{1-\rho^2},$$

$$f(x, y) = \frac{1}{\sqrt{2\pi}\,\sigma_1} e^{-u^2/2} \cdot \frac{1}{\sqrt{2\pi(1-\rho^2)}\,\sigma_2} e^{-(v-\rho u)^2/2(1-\rho^2)} \tag{10}$$

$$= g(u\,;\,0, 1)g(v\,;\,\rho u, 1-\rho^2)/\sigma_1\sigma_2.$$

ゆえに，$dy = \sigma_2 dv$ で積分すると

$$f_X(x) = \int_{-\infty}^{\infty} f(x, y)dy = \frac{1}{\sigma_1} g(u\,;\,0, 1)\int_{-\infty}^{\infty} g(v\,;\,\rho u, 1-\rho^2)dv \tag{11}$$

$$= \frac{1}{\sigma_1} g(u\,;\,0, 1)$$

$$= g(x\,;\,\mu_1, \sigma_1^2).$$

更に，dx で積分すれば，$f(x, y)$ の全積分が 1 になる．従って，f は

密度関数で，(11)はその周辺分布の一つが $N(\mu_1, \sigma_1^2)$ であることを示す．$f_Y(y)$ についても同様である．

(12)　X，Y の結合分布が 2 次元正規分布のとき，

$$X, \ Y \text{が独立} \iff \rho=0$$

である（ρ は X と Y の相関係数である：例 7）．

証明　X，Y が独立ならば，$f(x, y)=f_X(x)f_Y(y)$（$\forall x$，$\forall y$）だから，$x=\mu_1$，$y=\mu_2$ とおけば，f，f_X，f_Y の形から直ちに $\rho=0$ が得られる．逆に，$\rho=0$ ならば，(11)を考慮して(9)をみると，$f(x, y)=f_X(x)f_Y(y)$ となっている．

例 3（変数変換）　X，Y が結合密度関数 $f(x, y)$ をもつとき，$U=\varphi(X, Y)$，$V=\psi(X, Y)$ の結合密度関数 $g(u, v)$ を求めよう．ここで，関数 $u=\varphi(x, y)$，$v=\psi(x, y)$ は連続な偏導関数をもち，この式で決まる写像 $T:(x, y)\to(u, v)$ は xy 平面上の領域 D から uv 平面上の領域 E の上への 1 対 1 写像であるとする．T の逆変換 $T^{-1}:(u, v)\to(x, y)$ を $x=x(u, v)$，$y=y(u, v)$ で表し，そのヤコビアンを

$$J(u, v)=\frac{\partial(x, y)}{\partial(u, v)}=\frac{\partial x}{\partial u}\frac{\partial y}{\partial v}-\frac{\partial x}{\partial v}\frac{\partial y}{\partial u} \qquad (\neq 0)$$

とする．このとき，E 内の面積確定の閉集合を B とし，B の逆像を $A=T^{-1}(B)$ とすると，重積分の変数変換の公式によって

$$P\{(U, V)\in B\}=P\{(X, Y)\in A\}=\iint_A f(x, y)dxdy$$

$$=\iint_B f(x(u, v), y(u, v))|J(u, v)|dudv$$

となる．ゆえに，U，V の結合密度関数は，領域 E 上では

(13)　$$g(u, v)=f(x(u, v), y(u, v))|J(u, v)|$$

で与えられる．

一例として，$U=X+Y$ の密度関数 $g_U(u)$ を求めてみよう．$V=X$ と置いて，U に V を付随させ，U，V の結合密度関数を求めると，$x=v$，$y=u-v$，$J(u, v)=-1$ より

$$g(u, v)=f(v, u-v), \quad g_U(u)=\int_{-\infty}^{\infty}f(v, u-v)dv$$

となる。X と Y が独立ならば，$f(v, u-v)=f_X(v)f_Y(u-v)$ だから

$$g_U(u)=\int_{-\infty}^{\infty}f_X(v)f_Y(u-v)dv=\int_{-\infty}^{\infty}f_X(u-v)f_Y(v)dv$$

である。

C．条件つき密度関数

X，Y の結合分布 $F(x, y)$ が連続な密度関数 $f(x, y)$ をもつとする．このとき，$P(Y=y)=0$ であるため，条件つき確率 $P(X\leq x|Y=y)$ は定義されていない．しかし，$f_Y(y)>0$ ならば，

$$P(X\leq x|y\leq Y\leq y+\varDelta y)=\frac{P(X\leq x,\ y\leq Y\leq y+\varDelta y)}{P(y\leq Y\leq y+\varDelta y)}$$

$$=\left[\frac{1}{\varDelta y}\int_{-\infty}^{x}\int_{y}^{y+\varDelta y}f(u, v)dudv\right]\div\left[\frac{1}{\varDelta y}\int_{y}^{y+\varDelta y}f_Y(v)dv\right]$$

$$\to\int_{-\infty}^{x}f(u, y)du/f_Y(y)\qquad(\varDelta y\downarrow 0)$$

となる。そこで，

$$F(x|y)\equiv P(X\leq x|Y=y)\equiv\int_{-\infty}^{x}f(u, y)du/f_Y(y)\qquad(f_Y(y)>0)\tag{14}$$

$$f(x|y)=\frac{\partial}{\partial x}F(x|y)=f(x, y)/f_Y(y)\tag{15}$$

と定義して，$F(x|y)$ を条件 $Y=y$ の下での X の**条件つき分布関数**，$f(x|y)$ を**条件つき密度関数**とよぶ．

(15)を書き直すと，乗法定理（(2．3）式）に類似の関係式

$$f(x, y)=f_Y(y)f(x|y)\tag{16}$$

が得られる．

例 4　(X, Y) が 2 次元正規分布に従うとき，

$$f(x|y)=\frac{1}{\sqrt{2\pi\sigma_1^2(1-\rho^2)}}\exp\left[-\frac{1}{2\sigma_1^2(1-\rho^2)}\left(x-\mu_1-\rho\frac{\sigma_1}{\sigma_2}(y-\mu_2)\right)^2\right].$$

従って，X の条件つき分布は正規分布である：直線 $(x-\mu_1)/\sigma_1=\rho(y-\mu_2)/\sigma_2$ は X の Y に対する**回帰直線**とよばれている．

X，Y が独立であるための条件は，$f(x|y)=f_X(x)$ であり，これから，(12)の条件 $\rho=0$ が得られる．

例 5　X, Y の結合密度関数が

$$f(x,y)=\begin{cases}1/a(a-x), & 0\leq x<y\leq a\\ 0 & ,\text{その他の}(x,y)\end{cases}$$

であるとする。

$$f_X(x)=\int_x^a\frac{dy}{a(a-x)}=\frac{1}{a}\qquad(0\leq x\leq a),$$

$$f_Y(y)=\int_0^y\frac{dx}{a(a-x)}=\frac{1}{a}\log\frac{a}{a-y},$$

$$f(y|x)=\frac{1}{a-x}\qquad(0\leq x<y\leq a).$$

ゆえに, X は区間 $[0,a]$ 上に一様に分布し, 条件 $X=x$ の下で, Y は $(x,a]$ 上に一様に分布する（例１．６参照）。

2．平　均　値

A．順序交換

極限をとる操作と平均をとる操作の順序交換について, 次の重要な定理がある。

(17)　$\lim_n X_n(\omega)=X(\omega)$ のとき, $|X_n(\omega)|\leq Z(\omega)$ で $E(Z)$ が有限な Z が存在すれば

$$\lim_n E(X_n)=E(X)$$

である（**Lebesgue の収束定理**）。

特に

(18)　$|X_n(\omega)|\leq M$ なる定数が存在すれば, $E(X_n)\to E(X)$ である（**有界収束定理**）。

(19)　$0\leq X_1(\omega)\leq X_2(\omega)\leq\cdots\leq X_n(\omega)\leq\cdots$, $X_n(\omega)\uparrow X(\omega)$ ならば $E(X_n)\uparrow E(X)$ $(\leq\infty)$ である。

例 6　$|e^{itX}|\leq 1$, $e^{itX}\to e^{isX}$ $(t\to s)$ であるから, $E(e^{itX})\to E(e^{isX})$ $(t\to s)$ である。すなわち, X の特性関数は連続である。

B．確率変数の関数の平均値

X, Y の関数 $\varphi(X, Y)$ の平均値は，その結合分布を用いて次のように表される．

(20)　$$E[\varphi(X, Y)]=\begin{cases}\sum_{i,j}\varphi(a_i, b_j)P(X=a_i, Y=b_j)\\ \int_{-\infty}^{\infty}\int_{-\infty}^{\infty}\varphi(x, y)f(x, y)dxdy\end{cases}$$

ただし，離散変数の場合は級数が絶対収束し，結合密度関数 $f(x, y)$ をもつ場合は $|\varphi(x, y)|f(x, y)$ が積分可能であるとする．

例 7　2 次元正規分布に従う X, Y の共分散（(5 .14)）は

$$C(X, Y)=\rho\sigma_1\sigma_2$$

である．

$U=(X-\mu_1)/\sigma_1$, $V=(Y-\mu_2)/\sigma_2$ とおくと，U, V の結合密度関数は，(13), (10)によって

$$g(u, v)=f(x, y)\sigma_1\sigma_2=g(u\ ;\ 0, 1)g(v\ ;\ \rho u, 1-\rho^2).$$

ゆえに，

$$\begin{aligned}E(UV)&=\int_{-\infty}^{\infty}\int_{-\infty}^{\infty}uvg(u, v)dudv\\ &=\int_{-\infty}^{\infty}ug(u\ ;\ 0, 1)du\int_{-\infty}^{\infty}vg(v\ ;\ \rho u, 1-\rho^2)dv\\ &=\rho\int_{-\infty}^{\infty}u^2g(u\ ;\ 0, 1)du=\rho.\end{aligned}$$

ゆえに，$E(X)=\mu_1$, $E(Y)=\mu_2$（例 2）から

$$C(X, Y)=E[(X-\mu_1)(Y-\mu_2)]=\sigma_1\sigma_2E(UV)=\rho\sigma_1\sigma_2.$$

任意の確率変数 X, Y に対して，

$$\rho(X, Y)\equiv C(X, Y)/\sqrt{V(X)}\sqrt{V(Y)}$$

をその相関係数とよぶ．上の例では，$\rho(X, Y)=\rho$ である．

C．条件つき平均値

条件 $Y=y$ の下での X の条件つき平均値を

(21)　$$E(X|Y=y)=\int_{-\infty}^{\infty}xf(x|y)dx$$

と定義する．

(21)の両辺に $f_Y(y)$ をかけて dy で積分すると，

$$E(X)=\int_{-\infty}^{\infty}E(X|Y=y)f_Y(y)dy \tag{22}$$

であることがわかる。

X，Y の分布が 2 次元正規分布ならば，例 4 によって，$f(x|y)$ が平均値 $\mu_1+\rho\sigma_1(y-\mu_2)/\sigma_2$ の正規分布密度になっているため，$E(X|Y=y)$ はこの値に等しい。

3．二項確率の局所極限

n，k，$n-k\to\infty$ のとき，$(k-np)/\sqrt{npq}$ が有界に留まるならば

$$b(k\,;\,n,p)\sim\frac{1}{\sqrt{2\pi}}\sqrt{\frac{n}{k(n-k)}}\left(\frac{np}{k}\right)^k\left(\frac{nq}{n-k}\right)^{n-k} \tag{23}$$

$$\sim\frac{1}{\sqrt{2\pi npq}}e^{-(k-np)^2/2npq}$$

である。（はじめ式に対しては，n，k，$n-k\to\infty$ だけでよい。）

証明　n，k，$n-k$ が大きいので，$n!$，$k!$，$(n-k)!$ に対してスターリングの公式を用いると，(23)のはじめの関係式が導びかれる。次に，$x_k=(k-np)/\sqrt{npq}$ とおくと，

$$k=np\left(1+x_k\sqrt{\frac{q}{np}}\right),\quad n-k=nq\left(1-x_k\sqrt{\frac{p}{nq}}\right).$$

ゆえに，

$$\sqrt{\frac{n}{k(n-k)}}\left(\frac{np}{k}\right)^k\left(\frac{nq}{n-k}\right)^{n-k}$$

$$=\frac{1}{\sqrt{npq}}\left(1+x_k\sqrt{\frac{q}{np}}\right)^{-k-1/2}\left(1-x_k\sqrt{\frac{p}{nq}}\right)^{-(n-k)-1/2}.$$

ゆえに，

$$\log(\sqrt{2\pi}\,b(k\,;\,n,p))\sim\log\frac{1}{\sqrt{npq}}-\left(k+\frac{1}{2}\right)\log\left(1+x_k\sqrt{\frac{q}{np}}\right)$$

$$-\left(n-k+\frac{1}{2}\right)\log\left(1-x_k\sqrt{\frac{p}{nq}}\right)^{(*)}.$$

$$\log(1+x)=x-\frac{x^2}{2}+O(x^3)\qquad(x\to 0)$$

であり，仮定によって x_k は有界であるから，

$$(*)=\log\frac{1}{\sqrt{npq}}-\left(k+\frac{1}{2}\right)\left(x_k\sqrt{\frac{q}{np}}-\frac{1}{2}x_k^2\frac{q}{np}+O\left(\frac{1}{\sqrt{n^3}}\right)\right)$$

$$-\left(n-k+\frac{1}{2}\right)\left(-x_k\sqrt{\frac{p}{nq}}-\frac{1}{2}x_k^2\frac{p}{nq}+O\left(\frac{1}{\sqrt{n^3}}\right)\right)$$

$$=\log\frac{1}{\sqrt{npq}}-\frac{1}{2}x_k^2+O\left(\frac{1}{\sqrt{n}}\right)=\log(e^{-x_k^2/2}/\sqrt{npq})+O\left(\frac{1}{\sqrt{n}}\right).$$

ゆえに，

$$b(k\,;\,n,p)\sim\frac{1}{\sqrt{2\pi npq}}e^{-(k-np)^2/2npq}.$$

(23)から，de Moivre-Laplace の中心極限定理

$$(24)\qquad P\left(a\leq\frac{S_n-np}{\sqrt{npq}}\leq b\right)\sim\frac{1}{\sqrt{2\pi}}\int_a^b e^{-x^2/2}dx$$

を，次のようにして導びくことができる：

$$(\text{上式左辺})=\sum_{a\leq x_k\leq b}b(k\,;\,n,p)\sim\sum_{a\leq x_k\leq b}\frac{1}{\sqrt{2\pi npq}}e^{-x_k^2/2}$$

$$=\sum_{a\leq x_k\leq b}\frac{1}{\sqrt{2\pi}}e^{-x_k^2/2}(x_k-x_{k-1})\sim\frac{1}{\sqrt{2\pi}}\int_a^b e^{-x^2/2}dx.$$

4．大きい偏差（二項分布）

例7．6の記号の下に，そこで述べた極限定理

$$(25)\qquad \lim_{n\to\infty}\frac{1}{n}\log P\left(a\leq\frac{S_n}{n}\leq b\right)=-\inf_{a\leq x\leq b}I(x)$$

の証明を行う．

$$\alpha_n\equiv P\left(a\leq\frac{S_n}{n}\leq b\right)=\sum_{a\leq k/n\leq b}b(k\,;\,n,p)$$

とおく．

1°)　$0<a<b<1$ の場合．

$\max_k b(k\,;\,n,p)\leq\alpha_n\leq(n+1)\max_k b(k\,;\,n,p)$. $\Big(\max_k(\cdot)$ は $\max_{a\leq k/n\leq b}(\cdot)$ の意味$\Big)$

ゆえに，

$$\max_k \frac{1}{n}\log b(k\,;\,n,p) \leq \frac{1}{n}\log a_n \leq \frac{\log(n+1)}{n} + \max_k \frac{1}{n}\log b(k\,;\,n,p).$$

$a \leq k/n \leq b$ なる k については，$n\to\infty$ のとき，$k\to\infty$，$n-k\to\infty$ が成り立つので，(23)より

$$\frac{1}{n}\log b(k\,;\,n,p) \sim \frac{1}{n}\log\sqrt{\frac{n}{k(n-k)}} - \frac{k}{n}\log\left(\frac{k/n}{p}\right)$$
$$-\frac{n-k}{n}\log\left(\frac{1-k/n}{q}\right)$$
$$= -I\left(\frac{k}{n}\right) + O\left(\frac{\log n}{n}\right)$$

となる。ゆえに，

$$\lim_n \frac{1}{n}\log a_n = \lim_n \max_k\left(-I\left(\frac{k}{n}\right)\right) = \max_{a\leq x\leq b}(-I(x))$$
$$= -\min_{a\leq x\leq b} I(x).$$

2°)　$0=a<b<p$ の場合。

$$\frac{b(k\,;\,n,p)}{b(k-1\,;\,n,p)} = \frac{(n-k+1)p}{kq} = 1 + \frac{(n+1)p-k}{kq}$$

であるから，$b(k\,;\,n,p)$ は $0\leq k<(n+1)p$ で増加し，$(n+1)p<k\leq n$ で減少する。ゆえに，nb $(<np)$ の整数部分を k_n とおくと，

$$b(k_n\,;\,n,p) \leq a_n \leq (n+1)b(k_n\,;\,n,p).$$

$k_n\to\infty$，$n-k_n\to\infty$，$k_n/n\to b$ であるから，1°)の場合と同様にすると

$$\lim_{n\to\infty} \frac{1}{n}\log a_n = \lim_n \frac{1}{n}\log b(k_n\,;\,n,p) = -I(b)$$
$$= -\min_{0\leq x\leq b} I(x)$$

となる（例７．６の図を参照）。

3°)　$0=a<b<1$ の場合。

$0<\varepsilon<\min\{p, b\}$ なる ε をとる。1°)，2°)で証明されたことから，

$$P\left(0\leq\frac{S_n}{n}\leq b\right) = P\left(0\leq\frac{S_n}{n}<\varepsilon\right) + P\left(\varepsilon\leq\frac{S_n}{n}\leq b\right)$$
$$\sim e^{-nI(\varepsilon)} + e^{-nI(\varepsilon,b)} \qquad \left(I(\varepsilon, b)\equiv\min_{\varepsilon\leq x\leq b} I(x) < I(\varepsilon)\right)$$

$$\sim e^{-nI(\epsilon,b)} = e^{-nI(0,b)}$$

従って，この場合にも(22)が成り立つ．

a，b が上の場合以外も同様にして(25)の正しいことがわかる．

5．連続性定理

確率分布の列 F_n が確率分布 F に弱収束すれば，F_n の特性関数 φ_n は F の特性関数 φ に各点収束する．

逆に，各点 t で $\lim_n \varphi_n(t) = \psi(t)$ が存在して，ψ が原点で連続ならば，ψ はある確率分布 G の特性関数であって，F_n が G に弱収束する．

記号・公式

1．数

$N=\{1, 2, 3, \cdots\}$：自然数の集合

$\boldsymbol{R}$：実数の集合

$\boldsymbol{R}^n=\{(x_1, x_2, \cdots, x_n) | x_1, x_2, \cdots, x_n$ は実数$\}$

$\max\{a, b\}$：a と b の大きい方

$\min\{a, b\}$：a と b の小さい方

$e^{ix}=\cos x+i\sin x,\ \ i=\sqrt{-1}$　　（x は実数）

$n!=1\cdot 2\cdot\cdots\cdot n,\ \ 0!=1$

$${}_n\mathrm{C}_k=\frac{n(n-1)(n-2)\cdots(n-k+1)}{k!}=\frac{n!}{k!(n-k)!}$$　　（二項係数）

$$\binom{a}{k}=\frac{a(a-1)(a-2)\cdots(a-k+1)}{k!}$$　　（a は実数）

2．集　　合

$A\setminus B=\{x|x\in A$ かつ $x\notin B\}$　　（差集合）

$A^c=\Omega\setminus A\ \ (A\subset\Omega)$　　（A の補集合）

$AB=A\cap B$　　（共通集合）

$A+B$：$A\cap B=\phi$　　（空集合）のときの合併集合 $A\cup B$

$A_n\uparrow A$：$A_1\subset A_2\subset\cdots\subset A_n\subset\cdots$ かつ $\bigcup_{n=1}^{\infty} A_n=A$

$A_n \downarrow A$：$A_1 \supset A_2 \supset \cdots \supset A_n \supset \cdots$ かつ $\bigcap_{n=1}^{\infty} A_n = A$

$|A|$：有限集合の元の個数又は図形 A の長さ，面積，体積等

3．極　限

$f(a+) = \lim_{x \downarrow a} f(x) = \lim_{\substack{x \to a \\ x > a}} f(x)$　（右側極限値）

$f(a-) = \lim_{x \uparrow a} f(x) = \lim_{\substack{x \to a \\ x < a}} f(x)$　（左側極限値）

$a_n \sim b_n$：$\lim_{n \to \infty} a_n / b_n = 1$

$f(x) = o(g(x))$　$(x \to 0)$：$\lim_{x \to 0} f(x)/g(x) = 0$

$f(x) = O(g(x))$　$(x \to 0)$：原点のある近傍で $f(x)/g(x)$ が有界

4．確率分布

$b(k\,;\,n, p) = {}_n\mathrm{C}_k p^k q^{n-k}$,

$q = 1 - p$　$(0 \leq k \leq n)$

（二項分布）

$p(k\,;\,\lambda) = e^{-\lambda} \lambda^k / k!$,

$\lambda > 0$　$(k \geq 0)$

（Poisson 分布）

$$\phi(x) = \frac{1}{\sqrt{2\pi}} e^{-x^2/2}$$

（標準正規分布密度）

$$\Phi(x) = \int_{-\infty}^{x} \phi(t)\,dt$$

（標準正規分布関数）

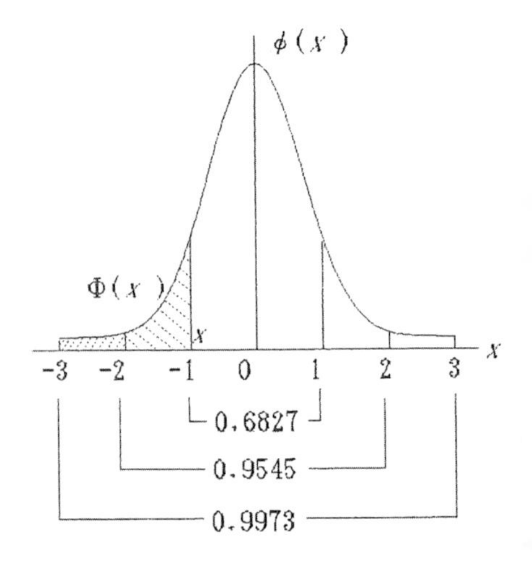

5．ガンマ関数

$\Gamma(p)=\int_0^\infty e^{-x}x^{p-1}dx \quad (p>0)$

$\Gamma(p+1)=p\Gamma(p)$，$\Gamma(n)=(n-1)!$

$\Gamma(1/2)=\sqrt{\pi}$，$\Gamma(3/2)=\sqrt{\pi}/2$，$\Gamma(5/2)=3\sqrt{\pi}/4$

$\Gamma(p)\sim\sqrt{2\pi}\,p^{p-1/2}e^{-p} \quad (p\to\infty)$

$n!\sim\sqrt{2\pi n}\,n^n e^{-n} \quad (n\to\infty)$ 　(Stirling の公式)

6．二 項 定 理

$$(a+b)^n=a^n+na^{n-1}b+\frac{n(n-1)}{2!}a^{n-2}b^2+\cdots+b^n$$

$$=\sum_{k=0}^{n}{}_n\mathrm{C}_k a^{n-k}b^k$$

$(1+x)^a=\sum_{k=0}^{\infty}\binom{a}{k}x^k \quad (|x|<1)$，$a$ は実数

$(a_1+\cdots+a_r)^n=\sum\frac{n!}{n_1!\cdots n_r!}a_1^{n_1}\cdots a_r^{n_r}$ 　(多項定理)

ただし，$\sum$ は $n_1\geq 0, \cdots, n_r\geq 0, n_1+\cdots+n_r=n$ にわたる和

7．初等関数のべき級数展開

$e^x=\exp x=\sum_{n=0}^{\infty}\frac{x^n}{n!} \quad (-\infty<x<\infty)$

$\sin x=\sum_{n=0}^{\infty}(-1)^n\frac{x^{2n+1}}{(2n+1)!}$，$\cos x=\sum_{n=0}^{\infty}(-1)^n\frac{x^{2n}}{(2n)!} \quad (-\infty<x<\infty)$

$\log(1+x)=\sum_{n=1}^{\infty}(-1)^{n-1}\frac{x^n}{n} \quad (-1<x\leq 1)$

8．そ の 他

a.s.：almost surely　80頁

a.e.：almost everywhere　80頁

参考文献

[1] W. Feller: *An introduction to probability theory and its applications,* Vol. 1, 3rd edn., John Wiley & Sons,1968; Vol. 2, 1971.

[2] G.R. Grimmett and D.R. Stirzaker: *Probability and random processes,* 2nd edn., Clarendon Press, Oxford, 1992.

[3] 西尾真喜子：確率論，実教出版，1978.

[4] D. Williams: *Probability with martingales,* Cambridge University Press, 1991.

その他

[5] P.S. Laplace: *Essai philosophique sur les probabilités,* Christian Bourgois Éditeur, 1986.

(樋口順四郎訳：確率についての哲学的試論，世界の名著79，中央公論社，1979.)

索　引

著者紹介：

野本久夫（のもと・ひさお）

1928 年　愛媛県に生まれる
1953 年　愛媛大学文理学部理学科卒業
現　在　名古屋大学名誉教授
著　書：確率・統計，朝倉書店，1972
解析入門，サイエンス社，1976（共著）
解析演習，サイエンス社，1984（共著）

初学者のための確率論　——応用への招待——

2021 年 8 月 21 日　初版第 1 刷発行

著　者　野本久夫
発行者　富田　淳
発行所　株式会社　現代数学社
〒606-8425 京都市左京区鹿ヶ谷西寺ノ前町 1
TEL 075（751）0727　FAX 075（744）0906
https://www.gensu.co.jp/

装　幀　中西真一（株式会社 CANVAS）

印刷・製本　亜細亜印刷株式会社

ISBN 978-4-7687-0565-0　2021 Printed in Japan